阿生老火滋补靓汤

粤菜烹饪大师　朱奕生◎主编

吉林科学技术出版社

作者简介
Author

朱奕生 祖籍广东潮汕，国家高级烹饪技师，国际烹饪名师，广东省潮州菜烹饪协会常务理事，天下春空中花园酒店行政总厨。2005年首届厨师技能比赛荣获十佳行政总厨，2007年获国际烹饪艺术大师、中国烹饪名师称号，2009年获中华金厨奖，建国六十周年餐饮业先进工作者称号，第八届中国美食节获个人金牌奖。

主　　　编	朱奕生					
副 主 编	陈俊义	林茂雄	杨永平	陈楷彬		
编　　委	韩密和	刘　刚	高　峰	田国志	戚明春	张明亮	崔晓冬
	蒋志进	郎树义	张凤义	刘志刚	张　杰	姜丽丽	马　骐
	于小宏	张启为	刘宝锁	刘　强	王　鑫	刘书岑	王海忠
	刘建双	王　旭	李　刚	高乐刚	高乐强	杨竹刚	董　兵
摄　　影	陈禹辰	赵　军	刘　阳	孙维军		

◆ 特别鸣谢

电　话：400-9999-555　　　　电　话：024-8589 5555

作为广东人，我对老火汤的最初记忆应该源于母亲。年少时家中的生活条件不太好，当时每天都会盼着周末的来临，因为母亲只有在周末的时候，才能为我们煲一锅热气腾腾的老火汤。浓香的老火汤上桌，母亲会给每个人盛上一大碗，看着大家美美地把汤喝完，母亲脸上会流露出欣慰的表情，这情景直到现在仍然不时出现在我的脑海……

老火汤流传了几百上千年，一直是广东人的心头至爱，每个广东人也都有老火汤的"一本经"，比如"宁可食无菜，不可食无汤"，"不会吃的吃肉，会吃的喝汤"，"春天养肝，夏天祛湿，秋天润肺，冬天补肾"，"慢火煲煮，火候足，时间长，入口香甜"等。大家不仅爱老火汤的美味，更以此作为补益养生之道。作为广东餐饮文化之精髓的老火汤，不仅在广东人心中扎根，也在全国各地流传开来。

"老火"之"老"在于"煲汤时间长，火候独到"，先用旺火或中火烧沸，然后小火慢煲两三个小时，是名副其实的"功夫汤"。当然现在的生活水平提高了，大家再不用担心营养不够，"老火汤"的制作也相应发生了变化，一些人把煲"老火汤"的习惯改为饮用"生滚汤"或"中火汤"。"生滚汤"即水滚沸后加入各种食材煮3～5分钟即可，如简单的菜心瘦肉汤、猪肝枸杞汤、咸蛋番茄汤等；"中火汤"是把各种食材放入汤锅内，炖煮10～30分钟后饮用即可。"生滚汤"、"中火汤"已经完全可以满足普通人的日常营养需求，操作得当味道也会非常鲜美，越来越受到年轻人的喜爱。

为什么"老火汤"能具有如此巨大的影响力，是因为它的美味还是因为它的食疗功效？我觉得都不是，真正的原因是这碗老火汤背后所承载的款款浓情，无法替代的亲情，这才是"老火汤"的真正内涵。

其实"老火汤"对于我们来说，是一种对美好生活的期盼，包含着亲切的关怀和浓浓的爱意，它不仅仅是一种美味靓汤，更是一种生活品质的体现。

朱奕生

2014年4月

阿生老火滋补靓汤

老火靓汤常识篇

PART 1 蔬菜食用菌 （富含多种维生素和矿物质）

| • 叶类类 | • 花果类 | • 根类菜 | • 茎类菜 | • 食用菌 | • 藻类 |

PART 2 禽蛋豆制品 （优质蛋白质的来源之一）

| • 鸡 | • 鸭 | • 其他禽类 | • 豆腐品 |

PART 3 畜　肉 （蛋白质、脂肪强壮体魄）

● 猪肉　　　● 牛肉　　　● 羊肉　　　● 其他

PART 4 水 产 (各种营养素的大本营)

| ● 鱼 | ● 虾 | ● 蟹 | ● 贝 | ● 其他 |

靓汤 基础工具

老火靓汤常识篇

家庭制作靓汤时需要一些基础工具，用以配合我们制作美味靓汤。家庭靓汤的基础工具一般分为几大类，第一大类就是各种锅具，如汤锅、砂锅、奶锅、汽锅等；第二大类就是刀具，家庭中应该根据原料的性质和切配方法，多准备几把刀，以便于操作；另外各种菜板也是必不可少的，家庭中的菜板除了可以按照材质不同加以区分外，还可以分为生、熟菜板。此外各种小漏勺、蛋黄分离器、保鲜盒、削皮器、挖球器等，也可以帮助我们快速操作，制作出美味的汤羹菜肴。

锅具介绍

想煲出既营养美味又养生的汤羹，选一口好锅是必要的，而市场上比较常见的工具有砂锅、瓦罐、汽锅、汤锅、电饭锅、高压锅等。

砂锅　瓦罐　汽锅　汤锅

砂锅 砂锅是由陶泥和细沙混合烧制而成的，具有非常好的保温性，能耐酸碱、耐久煮，特别适合小火慢炖，是制作汤羹类菜肴的首选器具。刚买回的砂锅在第一次使用时，最好煮一次稠米稀饭，可以起到堵塞砂锅的微细缝隙，防止渗水的作用。

瓦罐 瓦罐也是制作靓汤常用的锅具之一。瓦罐通常是由不易传热的石英、长石、黏土等原料经过高温烧制而成。在我国，民间用瓦罐制作汤羹的历史源远流长，它除了具有良好的耐高温、传热均匀、散热慢的特性以外，还具有养生的独特功效。正是因为这种特性，能让食物在瓦罐中迅速被加热，最大限度地保留了原料中的营养成分。

汽锅 汽锅是由紫泥制成、形似火锅经烧制而成的陶器锅。汽锅由锅体和锅盖两部分组成，汽锅的锅体中心有一下粗上细的锥形气孔，锅盖由气孔套在锅口上，上下气孔相通。

汤锅 市场上汤锅的种类较多，按照材质分有铝制、搪瓷、不锈钢、不粘锅等。不锈钢汤锅是由铁铬合金再掺入其他一些微量元素制成的，其金属性能稳定，耐腐蚀，是家庭制作靓汤的好帮手。

厨杂介绍

保鲜盒 保鲜盒是家庭厨房中必不可少的工具,可以延长食材的保鲜时间。保鲜盒一般为塑料制品,规格也有很多,家庭选购时要注意尺寸,不宜过多,3件或5件套的保鲜盒,更适宜家庭使用。

手勺 手勺按照材质,可以分为铁质、不锈钢和树脂三种,家庭在制作汤羹菜肴时,一般宜选用不锈钢手勺,尺寸一般为3号(中号),手柄最好为木制,可以避免烫手。

油格 油格与我们一般常见的油抄子、大漏勺有所不同,油格主要的特点就是网格细密,一般为50～80目,可以非常方便地捞出汤煲中浮于表面的细小杂质。

控水筐 控水筐是非常实用的小工具,有不锈钢材质、铁材质、塑料材质三类。家庭中清洗干净的食材,尤其是蔬菜、菌藻等,可以直接放入控水筐内沥净水分,非常快捷和方便。

盆 家庭中使用的盆主要有不锈钢盆和塑料盆,而搪瓷盆现在已经很少使用。根据尺寸的不同,盆的规格也有很多种。家庭中最好选购2～3种尺寸,可以应付多种情况。

果挖 果挖又称挖球器,可以非常方便地把食材挖成球状。果挖的手柄为不锈钢或塑料材质,两端各有一个半圆形小勺,而且两个小勺的直径不同,可以挖出两种规格的圆球。

煲汤袋 煲汤袋是非常实用的一款厨房小用具,其使用安全,用于烹饪时分离渣滓以及装载香辛料等。好的煲汤袋应该采用100%卫生纱布精制而成,不含荧光增白剂等成分,可放心使用。煲汤袋根据大小,分为多种规格。

礤丝器 礤丝器可以帮助我们快速地把各种清洗好的食材礤成丝状,而且丝的粗细也会有几种规格。而对于有些礤丝器,如四面或六面礤丝器,还可以把食材礤成不同粗细的丝,或者礤成片状等。

汤羹正品 华夏传承

靓汤 常用食材

★老火靓汤常识篇★

靓汤是我国菜肴的一个重要组成部分，在我国南北菜肴中占有重要地位，是中国传统菜肴的一种形式。靓汤它既可作正餐，又可作佐餐，是极富营养、最易消化的一种食物。

靓汤就是将加工成型的各种食材，放入汤锅内煮制而成，成菜过程中无须勾芡。成品具有汤浓味醇、口感光滑的特点。

靓汤使用的食材种类很多，其中家庭中常见的有菌藻类、豆制品、蔬菜类、家禽类、畜肉类和水产类等。

仔鸡　鸭子　鹌鹑　莲藕　竹笋

《 仔鸡 》 鸡是养禽业中饲养量最大的家禽，是人类高质量营养食品的重要来源之一。仔鸡的营养价值很高，为高蛋白、低脂肪的美味食材。中医认为，仔鸡有温中益气、补精添髓之功效。

《 鸭子 》 鸭子是一种重要的家禽，世界各地普遍饲养。鸭子的营养价值较高，含有人体所需要的多种营养成分，如蛋白质、脂肪、碳水化合物、维生素和矿物质，有滋阴、养胃、利水、消肿的功效。

《 鹌鹑 》 鹌鹑为鸟纲鸡形目鹌鹑属，以前均为野生种，目前全国各地均有人工饲养。鹌鹑的营养和药用价值较高，有"动物人参"之誉，富含蛋白质、多种维生素，胆固醇含量低，易于人体吸收。

《 冬 瓜 》冬瓜属一年生攀缘草本植物,主要以果实供食用。冬瓜果实 中含有少量蛋白质、碳水化合物,维生素C含量较多。此外,还含有胡萝卜素、烟酸、钙、磷、铁等矿物质和纤维素,具有清热、润肺、止咳、消痰的功效。

《 莲 藕 》莲藕为睡莲科莲属中能形成肥嫩根状茎的栽培种,多年生水生宿根草本植物。莲藕中含有多种营养物质,如蛋白质、脂肪、碳水化合物、钙、磷、铁、钠、钾、镁等矿物质和各种维生素,有消瘀清热、解渴生津、止血健胃的功效。

《 竹 笋 》竹笋为多年生常绿木本植物竹科的可食用嫩芽。竹笋原产我国,主要分布在珠江和长江流域。竹笋中含有比较丰富的蛋白质、脂肪、碳水化合物、钙、铁、磷、胡萝卜素等,可以促进肠道蠕动,帮助消化,去除积食。

《 萝 卜 》萝卜的种类有很多,也是世界上古老的栽培作物之一,现世界各地均有种植。萝卜是营养价值较高的蔬菜之一,萝卜含有大量的碳水化合物和多种维生素及钙、磷、铁等矿物质,民间有"十月萝卜小人参"之说。

《 豆 腐 》豆腐是制作汤羹常用的食材之一,是以大豆(黄豆、黑豆等)为原料,经过多种步骤加工而成。豆腐含有丰富的蛋白质、钙、磷、铁及B族维生素等,有益中气、和脾胃、健脾利湿的功效。

萝卜
草菇
竹荪
豆腐
香菇

《 草 菇 》草菇为担子菌纲伞菌目光柄菇科包脚菇属中的一种伞菌,因多在草堆上群生而得名。草菇不仅口味清香,还具有较高的营养价值和药用价值,有补脾益气、清暑热、降血压等功效。

《 香 菇 》香菇是世界著名的食用菌之一,也是一种高蛋白、低脂肪的保健食品。含有30多种酶和18种氨基酸,人体所必需的8种氨基酸,香菇中就含有7种,因此香菇有"菌菜之王"的美称。

《 竹 荪 》竹荪为担子菌纲伞菌目鬼笔科竹荪属食用菌,主要分布于我国的云南、四川、贵州、安徽、湖北、广西等地。竹荪中含有丰富的蛋白质、碳水化合物、粗纤维等,有活血健脾、助消化之功效。

虾　干贝　蛤蜊　鱼　排骨

《 鱼 》鱼的种类很多,一般分为淡水鱼、海水鱼两类。家庭在制作靓汤时,既可以使用整条鱼,也可以去骨取净鱼肉制作。鱼肉营养丰富,对于身体虚弱、脾胃气虚、贫血者有非常好的食疗功效。

《 虾 》虾的肉质肥嫩鲜美,食之既无鱼腥味,又没有骨刺,老幼皆宜,备受大众的青睐。虾肉历来被认为既是美味,又是滋补壮阳之妙品。虾肉含有非常丰富的蛋白质和多种维生素,为高蛋白、低脂肪保健佳品。

《 贝 类 》贝类的品种有很多,比较常见的有蛏子、海螺、蛤蜊、毛蚶、牡蛎、海蚌等。贝肉不仅味道鲜美,而且营养也比较全面,富含蛋白质、脂肪、碳水化合物、铁、钙、磷、碘、氨基酸和牛磺酸等,有滋阴、利水、化痰、软坚功效。

《 干 贝 》干贝是以江珧、日月贝等几种贝类的闭壳肌干制而成,呈短圆柱状,浅黄色,体侧有柱筋,是我国著名的海产“八珍”之一,为名贵的水产食品。干贝富含蛋白质、碳水化合物、核黄素和钙、磷、铁等多种营养成分,有滋阴补肾、和胃调中的功效。

《 排 骨 》排骨根据部位的不同可分为多种,常见的有小排、肋排、仔排、尾档骨、腔骨等。排骨有很高的营养价值,除含有蛋白质、脂肪、多种维生素外,还含有大量磷酸钙、骨胶原、骨黏蛋白等,可为幼儿和老人提供钙质,具有滋阴润燥、益精补血的功效。

《 猪 蹄 》猪蹄细嫩味美,营养丰富,是老少皆宜的烹调食材之一。猪蹄中含有大量胶原蛋白质和少量的脂肪、碳水化合物。另外还含有磷、铁和多种维生素,有通乳脉、滑肌肤、祛寒热功效。

《 牛 尾 》牛尾为黄牛或水牛的尾巴,含有比较丰富的胶原蛋白、脂肪、碳水化合物、B族维生素和多种氨基酸。有益气血、强筋骨、补体虚、滋颜养容等功效,对腰肌劳损、四肢无力、肾虚体弱等症有很好的保健效果。

《 红枣 》红枣味甘,性平,入脾、胃经,具有补益脾胃、滋养阴血、养心安神、益智健脑、增强食欲的功效,主治脾胃虚弱、食少便溏、气血亏损、体倦无力、面黄肌瘦、妇女血虚脏躁、精神不安等症。

《 薏米 》薏米又称薏仁、薏苡仁,味甘、淡,性微寒,归脾、胃、肺经,有健脾利水、利湿除痹、清热排脓、清利湿热之功效,可用于治疗泄泻、筋脉拘挛、屈伸不利、水肿、脚气、肠痈淋浊、白带等症。

《 百合 》百合又称重迈、中庭等,其味甘、微苦,性平,归肺、心、肾经,具有养阴润肺、清心安神、润肺止咳的功效,主治阴虚久咳、痰中带血、咽痛失音、虚烦惊悸、失眠多梦、精神恍惚、痈肿等症。

《 白果 》白果又称银杏等,其性平、味甘、苦涩,有小毒。白果熟食用以佐膳、煮粥、煲汤或制作夏季清凉饮料等。白果可润肺、定喘、涩精、止带,寒热皆宜,主治哮喘、痰嗽、白带、白浊、遗精、淋病、小便频数等症。

《 山楂 》山楂又称红果,味酸、甘,性微温,归脾、胃、肝经,具有消食积、止泻痢、行瘀滞的功效,主治肉食积滞、脘腹胀痛、泄泻痢疾、产后瘀滞腹痛、恶露不尽、痰瘀胸痹、寒湿腰痛等症。

《 枸杞子 》枸杞子又称甘杞、贡杞,味甘,性平,归肝、肾、肺经,具有补肾益精、养肝明目、润肺生津、延年益寿之功效,主治肝肾亏虚、腰膝酸软、阳痿遗精、头晕目眩、视物不清、虚劳咳嗽等症。

白果

百合

薏米

枸杞子

山楂

在众多的靓汤中，尤以具有滋补效果的药膳靓汤更受大家的欢迎，其不仅味道鲜美，还可以起到诸如美肤养颜、益气理血、滋阴润燥、润肺清热、补心安神等作用。各种中药搭配也有其中的学问，搭配合理、选材得当，煲出的靓汤才能真正发挥出应有的效用。

在生活中经常可以接触到的靓汤中的药材，可以按其作用划分成几大类。比如具有补气效果的药料，如人参、白术、党参、黄芪、银杏、陈皮等；具有补血效果的药料，如何首乌、当归、田七、丹参、川芎、熟地黄等；具有补阴效果的药料，如玉竹、天门冬、沙参等；具有补阳效果的药料，如冬虫夏草、鹿茸片、杜仲等；具有清热类效果的药料，如生地、决明子、黄芪、干草等。掌握住基本靓汤的药料种类，就可以根据家人的身体状况，在不同的季节煲制出美味健康的靓汤了。

《 阿 胶 》阿胶又称驴皮胶、傅致胶、盆覆胶，味甘，性平，归肺、心、肝、肾经，具有补血、止血、滋阴、润燥的功效，主治血虚萎黄、眩晕心悸、虚劳咯血、衄血、吐血、便血、尿血、血痢、妊娠胎漏、肺虚燥咳等症。

《 巴戟天 》巴戟天又称鸡肠风、巴戟，味辛、甘，性微温，归肝、肾经，具有补肾阳、强筋骨、祛风湿的功效，主治肾虚阳痿、遗精滑泄、少腹冷痛、遗尿失禁、宫寒不孕、腰膝酸痛、风寒湿痹、风湿脚气等症。

《 白 茅 》白茅根又称茅根、兰根，味甘，性寒，归心、肺、胃、膀胱经，具有凉血止血、清热生津、利尿通淋的功效，主治血热吐血、咯血、尿血、崩漏、紫癜、胃热呕逆、肺热喘咳、小便淋漓涩痛、水肿、黄疸等症。

《 白 术 》白术又称山蓟、山精、冬白术，味苦、甘，性温，归脾、胃经，具有健脾益气、燥湿利水、固表止汗、安胎的功效，主治脾气虚弱、食少腹胀、大便溏泻、痰饮、水肿、小便不利、湿痹酸痛、气虚自汗、胎动不安。

16

《 白芷 》白芷又称芳香、泽芬,味辛,性温,归肺、胃、大肠经,具有祛风解表、散寒止痛、除湿通窍、消肿排脓的功效,主治风寒感冒、头痛、齿痛、目痒泪出、湿盛久泻、肠风痔漏、赤白带下、痈疽疮疡、瘙痒疥癣、毒蛇咬伤。

《 川贝 》川贝又称贝母、川贝母等,味苦、甘,性微寒,归肺、心经,具有清热化痰、润肺止咳、散结消肿的功效,主治虚劳久咳、肺热燥咳、肺痈吐脓、瘰疬结核、乳痈、疮肿等症。

《 陈皮 》陈皮又称橘皮、广陈皮,味辛、苦,性温,归脾、胃、肺经,具有理气和中、燥湿化痰、利水通便的功效,主治脾胃不和、不思饮食、呕吐哕逆、痰湿阻肺、咳嗽痰多、胸膈满闷、头晕目眩。

《 当归 》当归又称干归、秦归、马尾归,味甘、辛、微苦,性温,归肝、心、脾经,具有补血、活血、调经止痛、润肠通便的功效,主治血虚、血瘀诸症、眩晕头痛、月经不调、经闭、痛经、虚寒腹痛、肠燥便难、跌打肿痛、痈疽疮疡。

《 杜仲 》杜仲又称扯丝皮、丝棉皮,味甘、微辛,性温,归肝、肾经,具有补肝肾、强筋骨、安胎的功效,主治腰膝酸痛、阳痿、遗精、尿频、阳亢眩晕、风湿痹痛、阴下湿痒、胎动不安、漏胎小产。

《 党参 》党参又称东党、台党、口党、黄参,味甘,性平,归脾、肺经,具有健脾补肺、益气养血、生津止渴的功效,主治脾胃虚弱、食少便溏、倦怠乏力、肺虚喘咳、气短懒言、自汗、血虚萎黄、口渴。

白芷

川贝

陈皮

当归

杜仲

党参

《 何首乌 》 何首乌又称首乌，味苦、甘涩，性微温，归肝、肾经，具有补肝肾、益精血、润肠通便、祛风解毒、截疟的功效，主治肝肾精血不足、腰膝酸软、遗精耳鸣、头晕目眩、心悸失眠、须发早白、皮肤瘙痒。

《 淮 山 》 淮山又称山药，味甘、性平，入肺、脾、肾经，具有健脾补肺、益胃补肾、固肾益精、聪耳明目、长志安神、延年益寿的功效，主治脾胃虚弱、倦怠无力、食欲缺乏、久泄久痢、肺气虚燥、痰喘咳嗽。

《 黄 芪 》 黄芪又称王孙、黄耆，味甘，性微温，归脾、肺经，具有补气升阳、固表止汗、行水消肿、托毒生肌的功效，主治内伤劳倦、神疲乏力、脾虚泄泻、肺虚喘嗽、胃虚下垂、久泄脱肛、吐血、便血。

《 鸡骨草 》 鸡骨草又称黄头草、黄仔强、大黄草，味甘、微苦，性凉，归肝、胆、胃经，具有清热利湿、散瘀止痛的功效，主治黄疸型肝炎、小便刺痛、胃脘痛、风湿骨节疼痛、跌打瘀血肿痛、乳痈。

《 金银花 》 金银花又称银花、双花、金花，味甘、微苦，性寒，归肺、心、胃经，具有清热透表、解毒利咽、凉血止痢之功效，主治温热表证、发热烦渴、痈肿疔疮、喉痹咽痛、热毒血痢。

《 灵 芝 》 灵芝又称灵芝草、木灵芝、菌灵芝，味甘苦，性平，归心、肺、肝、脾经，具有养心安神、补肺益气、滋肝健脾的功效，主治虚劳体弱、神疲乏力、心悸失眠、头目昏晕、久咳气喘、食少纳呆。

《 罗汉果 》 罗汉果又称假苦瓜、拉汉果，味甘，性凉，归肺、脾经，具有清肺利咽、化痰止咳、润肠通便之功效，主治痰火咳嗽、咽喉肿痛、伤暑口渴、肠燥便秘等症。

《 麦 冬 》 麦冬又称麦门冬，味甘、微苦，性微寒，归肺、胃、心经，具有滋阴润肺、益胃生津、清心除烦等功效，主治肺燥干咳、阴虚劳嗽、肺痈、咽喉疼痛、津伤口渴、内热消渴、肠燥便秘、心烦失眠、血热吐衄。

《 土茯苓 》土茯苓又称土苓、红土苓，味甘、淡，性平，归肝、胃、肾、脾经，具有解毒散结、祛风通络、利湿泄浊之功效，主治梅毒、喉痹、痈疽恶疮、筋骨挛痛、水肿、淋浊、泄泻、脚气。

《 人 参 》人参又称山参、黄参、玉精，味甘、微苦，性微温，归脾、肺、心、肾经，具有补气固脱、健脾益肺、宁心益智、养血生津的功效，主治大病、久病、失血，脱水所致元气欲脱、神疲脉微。

《 田 七 》田七又称三七、金不换、三七参，味甘、微苦，性温，归肺、心、肝、大肠经，具有祛瘀止血、消肿止痛、降低胆固醇功效，可用于治疗跌打瘀肿疼痛、瘀血内阻所致的胸腹及关节疼痛。

《 酸枣仁 》酸枣仁又称枣仁，味甘、微酸，性平，归心、肝、胆经，具有养心安神、益阴敛汗、补肝宁心之功效，适于肝血不足、虚烦不眠及体虚多汗、津伤口渴等症。

《 天 麻 》天麻又称定风草、赤箭、明天麻，味甘、辛，性平，归肝经，具有平肝熄风、祛风止痛之功效，用于风痰引起的眩晕、偏正头痛、肢体麻木、半身不遂等症。

无花果　夏枯草　玉竹

《 无花果 》无花果又称映日果、蜜果、树地瓜、文先果、明目果，其味甘、性平，无毒，具有健脾益肺、滋养润肠、利咽消肿的功效，主治消化不良、不思饮食、阴虚咳嗽、干咳无痰、咽喉肿痛等症。

《 夏枯草 》夏枯草又称铁色草、大头花、夏枯头，味苦、辛，性寒，归肝、胆经，具有清肝泻火、解郁散结、消肿解毒之功效，主治头痛眩晕、烦热耳鸣、目赤畏光、目珠疼痛、胁肋胀痛、瘰疬瘿瘤。

《 玉 竹 》玉竹又称玉参、葳、地管子、尾参、铃铛菜，味甘，性平，归肺、胃经，具有润肺滋阴、养胃生津之功效，主治燥热咳嗽、虚劳久嗽、内热消渴、阴虚外感、寒热鼻塞、头目昏眩、筋脉挛痛。

靓汤食材加工

老火靓汤常识篇

家庭制作美味的靓汤，需要对靓汤食材进行初步加工。食材的加工有多道环节，其中常见的为食材的清洗、食材的涨发、食材的刀工处理等。

食材的清洗是制作靓汤首先遇到的问题，食材清洗的好坏对靓汤的质量有着重要的作用，而且清洗好的食材也可以在卫生、安全方面对人体有保证，可以避免因为食材清洗不净，影响身体的健康。

制作靓汤有时候需要一些干货。干货为干货原料的简称，其又称干料，是指将新鲜的动植物性烹饪食材采用晒干、风干、烘干、腌制等工序加工，使其脱水，从而干制成易于保存、运输的烹饪食材。制作靓汤时需要先把食材进行涨发，涨发就是利用干货的物理性质，采用各种方法，使干货食材重新吸收水分，最大限度地恢复其原有的鲜嫩、松软、爽脆的状态，同时涨发也可以除去食材的异味和杂质，使之符合食用要求的过程。

食材经过清洗、涨发等工序，就进入了刀工处理阶段。所谓刀工处理，就是运用刀具及相关用具，采用各种刀法和指法，把不同质地的烹饪食材加工成适宜烹调需要的各种形状的技术。食材刀工处理的作用除了便于食用、便于加热、便于调味外，还可以美化形体、丰富菜肴的品种，另外刀工处理还可以改善一些食材的质感。

食材刀工处理也有其基本的要求，如无论是丁、丝、条、片、块、粒或其他形状，都应做到粗细一致，长短一样，厚薄均匀，整齐美观，协调划一，以利于食材在烹调时受热均匀，并使各种味道恰当地渗入靓汤内部，否则就会严重影响菜肴的质量，做不出美味的靓汤。

家庭制作靓汤常用鲜活烹饪食材主要包括新鲜的蔬菜、水产品、家禽、家畜类及其他动植物等，但是我们在食材加工过程中，也会遇到一些问题或者难题。例如番茄如何去皮？收拾山药时如何不出现瘙痒的情况？苦瓜的苦味如何去除？如何去掉猪肚、猪肠的腥膻味？鲜肉如何保鲜等。这里我们也教您一些食材加工方面的小窍门，使您在加工食材时可以提高效率，也可以增加烹调的乐趣。

扁豆掐去蒂和顶尖。

再撕去扁豆的豆筋。

放入淡盐水中。

浸泡片刻，再搓洗干净。

换清水洗净，沥去水分。

根据靓汤要求切块即可。

扁豆清洗

将鲜金针菇切去根蒂。

撕开成小束，放入清水中。

加入少许精盐拌匀。

搓洗干净，沥去水分即可。

金针菇清洗

油菜择洗

①将油菜去根，掰去老叶。

②在根部剞上十字花刀，便于靓汤入味。

③放入小盆中，加入适量清水洗净。

④捞出沥水，放入盘中，再制作靓汤。

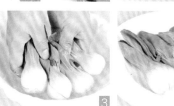

西蓝花择洗

①西蓝花去蒂及花柄（茎）。

②掰成大小均匀的花瓣。

③在花柄上剞上浅十字花刀。

④放入清水中浸泡并洗净即可。

苦瓜的处理

①将苦瓜洗净，沥干水分，切去头尾。

②再顺长将苦瓜一切两半。

③然后用小勺挖去籽瓤。

④用清水洗净，根据靓汤要求切形即可。

猴头菇涨发

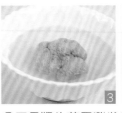

①干品猴头菇需涨发后制作靓汤。

②将猴头菇放入清水盆中。

③浸泡30分钟至发涨，放入碗中。

④加入葱、姜、料酒蒸15分钟即成。

荸荠去皮

荸荠放清水中浸泡、洗净。

捞出沥水，切去蒂梗。

削去外皮，取净荸荠果肉。

放入清水中浸泡即成。

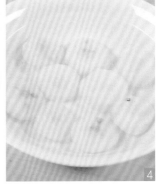

番茄去皮

番茄去蒂，表面剞上花刀。

放入碗中，倒入适量沸水。

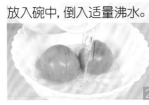
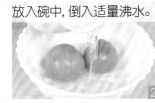

浸烫片刻至外皮裂开。

取出，撕去外皮即可。

香菇放入盆中，加入温水。
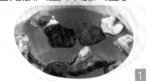

加盖闷至其内无硬茬。

轻轻搅动，使菌褶散开。

捞出，放入清水中洗净。

沥水，轻轻攥去水分。

去掉菌蒂，再加工成菜。
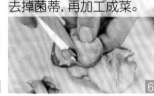

香菇涨发

涨发前把白果冲洗干净。

用刀面砸至外壳裂开。

放入清水锅中煮至熟。

捞出晾凉，去掉硬外壳。

剥去皮衣和白果的胚芽。

然后将白果仁洗净即成。

白果涨发

✿ 榛蘑涨发 ✿

①榛蘑放入容器中，加入温水浸泡30分钟。
②再加入少许面粉搅拌，洗去泥砂。
③然后换清水浸泡并漂洗干净。
④捞出榛蘑，攥干水分即成。

✿ 切洋葱不辣眼 ✿

①切洋葱时特别容易刺激眼睛。
②只要将洋葱放入冷水中泡一会儿。
③或者用姜片涂抹刀面。
④再切洋葱时就不会流眼泪了。

笋干涨发

笋干是常见的干货食材。

笋干放入温水中浸泡。

再放入冷水锅中煮至沸。

转中小火煮至笋干软嫩。

捞出笋干晾凉,切成块。
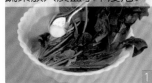

放入盆中浸泡至发透。

巧取菜汁

蔬菜放入淡盐水中浸泡。

再放入沸水锅中焯烫。

挤干水分,剁成碎末。

加入适量精盐拌匀稍腌。

把蔬菜装入纱布袋内。

挤出绿色的菜汁即成。

巧洗山药

①用削皮刀削去山药皮。

②多洗几遍手,可避免手痒。

③山药切后容易氧化发黑。

④应浸泡在淡盐水中以防氧化。

鱼鳃形茄片

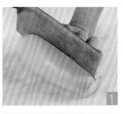

①茄子洗净,顺长切成两半。

②剞上茄子厚度4/5的刀纹。

③再转一个角度斜剞3/5的刀纹。

④切成一刀相连一刀断开的片。

❀ 菱形萝卜块 ❀

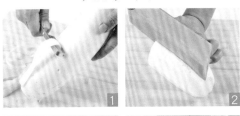

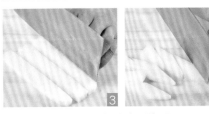

①白萝卜去根, 削去外皮, 洗净。

②先把白萝卜顺切成大厚片。

③再把厚片切成均匀的长条。

④用直刀斜切成均匀的菱形块。

❀ 巧切萝卜球 ❀

①将萝卜去根、去皮, 洗净。

②先切成大小均匀的小方块。

③再用小刀削切成圆球状。

④也可用球勺挖成不同规格的圆球状。

茭白剥去外壳, 切去根。

用小刀削去茭白外皮。

放入清水中洗净, 沥水。

放案板上, 用直刀切成片。

也可用直刀斜切一刀至断。

再滚动切制成菱形小块。

莴笋剥去笋叶。

再切去莴笋的老根。

用削皮刀削去外皮。

去净莴笋上的白色筋络。

放入清水中洗净, 沥水。

用直刀切成圆片即可。

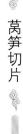

茭白刀工处理

莴笋切片

猪肚翻过来，去除油脂。

反复揉搓以去掉腥膻味。

再放入清水中洗净即可。

猪肚巧清洗

加入精盐、面粉、米醋。

大肠翻转，放入容器中。

再换清水，反复冲洗干净。

翻转后放入清水中浸泡。

大肠清洗

加入精盐、米醋揉搓均匀。

羊肾剪去杂质，剥去外膜。

放入清水和白醋浸泡。

取出，片成两半，剞花刀。

羊肾巧加工

放入淘米水中浸泡、洗净。

放入水锅中，加入葱、姜。

焯烫至变色，捞出过凉。

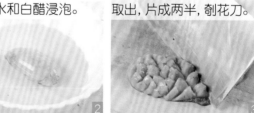

猪蹄刮去蹄甲和绒毛。

1

用刀从中间片开成两半。

2

再用力向下砍断成两半。

3

然后剁成小块,洗净即可。

4

猪蹄收拾

将蹄筋放入温油锅中。

1

待松脆膨胀,捞出沥油。

4

逐渐升温搅动,离火焖透。

2

放入热碱水中浸泡。

5

待气泡消失,再加热。

3

取出去杂,用清水洗净。

6

油发蹄筋

蹄筋放入清水盆内洗净。

1

换清水煮至色白、无硬心。

4

放入水盆中浸泡至稍软。

2

捞出、过凉,去掉杂质。

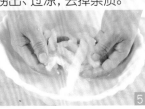

5

放入锅中烧沸,离火浸软。

3

沥水,加工成形即成。

6

水发蹄筋

鸡的宰杀

事先准备好一碗淡盐水。

宰杀时用左手握住鸡翅。

捏住鸡颈皮向后收紧。

在下刀处拔净颈部鸡毛。

然后用刀割断气管和血管。

鸡身下倾使血液流入碗中。

加入淡盐水，用筷子拌匀。

鸡放入热水中浸烫2分钟。

顺毛方向煺净翅膀的羽毛。

再逆毛方向煺净颈毛。

逐层逆向煺净全身羽毛。

煺净腿毛，撕去鸡爪黄皮。

鹌鹑清洗

①用手指猛弹鹌鹑的后脑部将鹌鹑弹晕。
②再用剪刀剪开鹌鹑腹部的表皮。
③连同羽毛一起将外皮撕下。
④再用剪刀剪去嘴尖及脚爪。

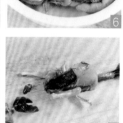

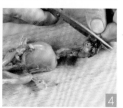

⑤用手伸进鹌鹑腹腔内把内脏掏出。
⑥再用清水洗净，沥净水分即可。
⑦也可把掏出的鹌鹑肝和胃用清水洗净。
⑧放入鹌鹑腹内一起煮制成汤羹。

～❀ 鸭肠清洗 ❀～

①将鸭肠顺长剪开, 刮去油脂。
②放入容器中, 加入适量的面粉。
③反复抓洗均匀以去除腥味。
④再加入少许白醋继续揉搓。

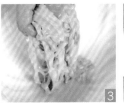

⑤然后放入清水中漂洗干净。
⑥将清洗好的鸭肠放入冷水锅中。
⑦置旺火上烧沸, 转小火煮几分钟。
⑧捞出过凉, 沥去水分, 即可制作菜肴。

～❀ 鸡腿去骨切制 ❀～

先用刀把鸡腿的筋膜切断。

沿鸡腿划一刀口深至骨头。

慢慢将鸡腿骨拽出来。

用刀尖沿腿骨切开鸡腿肉。

一手握腿骨, 一手压住鸡肉。

再去掉鸡小腿骨成鸡腿肉。

在内侧剞上浅十字花刀。

切成4厘米大小的块即可。

将鸡腿肉去净白色筋膜。

海参巧涨发

①海参是制作靓汤比较常用的食材。

②干海参放入容器中，加入热水浸泡12小时。

③捞出海参，再放入清水锅中烧沸。

④煮至海参全部回软。

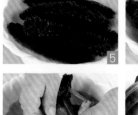

⑤捞出海参，放入温水中搓洗干净。

⑥取出海参，用剪刀剪开海参的腹部。

⑦去掉海参环形骨板和海参内脏等。

⑧放入清水锅中煮几次直至完全涨发。

黄鱼清洗

将黄鱼表面的鳞片刮净。	在黄鱼肛门处切一刀。	用筷子从鱼嘴插入腹部。

把筷子并拢，转3～4圈。	筷子拔出后取出鱼脏器。	用清水洗净，沥水即可。

乌鱼蛋清洗

乌鱼蛋是乌贼的缠卵腺。	先将乌鱼蛋用清水洗净。	放入锅中，加入葱姜焯烫。

捞出过凉，洗去外皮。	把乌鱼蛋一片一片地剥开。	放入清水中浸泡即可。
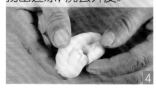		

蛤蜊放入清水中刷干净。

再放入沸水锅中稍煮。

煮至蛤蜊全部开口后。

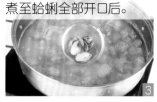

捞出蛤蜊,过凉,沥水。

去掉外壳,取出蛤蜊肉。

去掉杂质,用清水洗净。

蛤蜊清洗

先用刀面将螃蟹拍晕。

迅速揭开蟹盖,去掉污物。

剪下大钳和蟹的小腿。

再把螃蟹剪开成两半。

用小刀轻轻挑出蟹肉。

大钳剁去两端,捅出腿肉。

生取蟹肉

⇜ 如何清洗甲鱼 ⇝

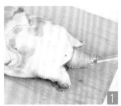

⑤捞出甲鱼,擦净水分,撕去外膜。

⑥用厨刀切开甲鱼盖。

⑦掏出甲鱼的内脏和杂质。

⑧再用清水反复漂洗干净。

①甲鱼腹部向上,用筷子插入甲鱼嘴内。

②慢慢拉伸出脖子,用利刀将脖子切开。

③把甲鱼倒立,放净甲鱼血。

④再把甲鱼放入沸水中烫一下。

靓汤 基础汤汁

俗语说"唱戏的腔,厨师的汤",靓汤类菜肴往往离不开鲜美的基础汤汁。制作基础汤作为烹调常用的调味品之一,其质量的好坏,不仅对靓汤菜肴的美味产生很大影响,而且对靓汤的营养,更是起着不可缺少的作用。

基础汤汁就是把蛋白质、脂肪含量丰富的食材,放在水中煮,使蛋白质和脂肪等营养素溶于水中成汤汁,用于制作靓汤菜肴使用。根据各种基础汤汁不同的原料和质量要求,基础汤汁主要分为毛汤、奶汤、清汤、素汤等多种。

清 汤

将猪棒骨用砍刀剁断。

放入清水中洗净,沥水。
鸡胸肉去筋膜,剁成细蓉。

鸡骨架放容器内,加温水。

稍凉后洗净,捞出沥水。

鸡骨架、棒骨焯烫,捞出。

放入清水锅中煮2小时。

反复数次,再过滤后即成。

待鸡蓉变色,浮起时,捞出。

捞出杂质,加入鸡蓉提清。

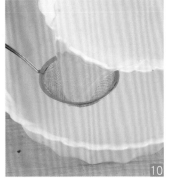

鸡骨架收拾干净, 剁成块。

放入清水中洗净, 沥水。

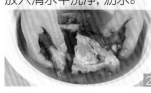

放入水锅中焯烫, 捞出。

奶汤

放水锅中, 加入葱姜等煮。

撇去浮沫, 用大火加热。

煮至汤汁呈白色时, 出锅。

将黄豆芽洗净, 沥去水分。

放锅中炒至豆芽发软时。

用洁布或滤网过滤即成。

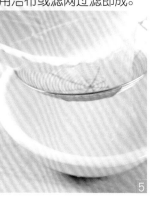

黄豆芽汤

加入冷水 (水量要宽)。

旺火煮至汤汁呈白色时。

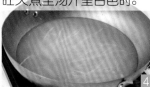

❀ 鳝骨汤 ❀

①把鳝鱼骨剁成大段, 洗净。

②锅中加油烧热, 下入葱、姜炝锅。

③再加入鳝鱼骨、料酒炒至变色。

④添入清水, 用小火煮至乳白色。

⑤捞出鳝鱼骨和杂质。

⑥再过滤后即为美味的鳝骨汤。

靓汤常用技法

老火靓汤常识篇

煮是将生料或经过初步熟处理的半成品，放入多量的汤汁或清水中，先用旺火烧沸，再转中小火煮熟的一种烹调方法。煮的方法应用相当广泛，既可独立用于制作菜肴，又可与其他烹调法配合制作菜肴，还常用于制作和提取鲜汤，又用于面点制作等，因其加工、食用等方法的不同，其成品的特点各异。

·煮的窍门·

★ 煮肉类时块宜大不宜小。肉块切得过小，肉中的蛋白质、脂肪等鲜味物质会大量溶解在汤中，使肉的营养和鲜味大减。

★ 煮骨头汤时，在水沸后加入少许醋，可使骨头里的磷、钙等营养素溶解在汤内，这样煮制而成的汤既味道鲜美，又便于肠胃吸收。

★ 煮制菜肴时不宜用旺火，一般要先用旺火烧沸汤汁，再转小火或微火慢慢煮制，这样煮出的菜肴熟烂味美。

炖是将食材加汤水和调味品，先用旺火烧沸，再转中小火长时间烧煮成菜的烹调方法。炖菜大部分主料带骨、带皮，是制作火功菜的技法之一。炖菜有原汁原味、汤鲜味浓、质地酥软的特点。炖法是由煮法演变而来，也是家庭中使用较为广泛的烹调方法之一，其分为不隔水炖和隔水炖两种；还有清炖和侉炖之说。

·炖的窍门·

★ 炖菜应选用畜类、禽类、水产以及部分蔬菜等为主料，加工成大块或整块，不宜切小切细，但对于肉类食材，也可以加工成蓉泥，制成丸子状，再制作成菜。

★ 食材在开始炖制时，可根据情况，加入葱、姜和料酒之类的调料，目的主要是可以除腥增香。大多数炖菜不能先加入咸味调味品，特别是不能加盐，如果盐放早了，由于盐的渗透作用，会严重影响食材的酥烂，延长成熟时间。

蒸是一种重要的烹调方法，我国素有"无菜不蒸"的说法。蒸又称屉蒸或锅蒸，为家庭中常见的烹调方法之一，其是把生料经过初步加工，加上各种佐料调味，再用蒸汽加热至成熟和酥烂，原汁原味，味鲜汤纯的一种烹调方法。蒸比煮的时间短，速度快，可以避免可溶性营养素和鲜味的损失，保持菜肴的营养和口味。

汆是将食材加工成丝、片、小块、花形、蓉、丸子等形状，放入沸水汤锅中快速烫熟的一种烹调方法。汆菜多用于制作汤菜，要求操作迅速。常见的汆菜技法主要有沸水汆、温水汆、热水汆和鲜汤汆等。另外，还有清汆和混汆之分，其主要区别在于汤色清澈程度。汆后汤清可见底者为清汆，汤色乳白不见底的为混汆。

·蒸的窍门·

★ 蒸菜要根据烹调要求和食材老嫩来掌握火候。用旺火沸水速蒸适用于质嫩的食材，如鱼类、蔬菜。对质地粗老，要求蒸得酥烂的食材，应采用旺火沸水长时间蒸。食材鲜嫩的菜肴，如蛋类等应采用中火、小火慢慢蒸制。

★ 蒸制多种食材时要注意，要把不易成熟的食材放下面，易于成熟的放上层，以使它们同时成熟；有色食材放在下层，无色的食材放在上层，以防止串色；无汤汁的菜肴放在上面，有汤汁的放在下面，以防止汤汁溢出。

·汆的窍门·

★ 汆制菜肴的食材一定要新鲜，而且加工各种食材的菜墩、菜板要无异味，以免影响成菜的风味。

★ 汆丸子是家庭常见的汤菜之一，制作时需要注意，挤制丸子时大小要均匀，丸子以及各种食材在锅中不宜煮的时间太长。而且汆制菜肴时锅中所加的汤或水一定要多一些。

★ 为保证菜肴的品质，冬季所用的盛器要加热。另外，汆制菜肴中的配料不宜过多过杂。

煨是制作汤羹菜肴比较常见的烹调技法，是将经过炸、煎、煸、炒或焯水的食材，放入陶制锅中，加入调料和汤汁，先用旺火烧沸，再转小火长时间煨至熟烂的烹调方法。煨菜和焖菜比较形似，区别在于煨加热时间比焖长，汤汁一般比焖宽，通常不用勾芡。常见菜肴有煨全鸭煲、牛肉香菇汤、糟煨冬笋汤、汤煨甲鱼等。

·煨的窍门·

★ 煨制汤煲时不宜使用旺火，需要用中小火把食材中的鲜香物质尽可能地煨煮出来，使煨出的汤色清澈，鲜醇味美。火候以汤面沸腾程度为准，避免让汤汁大滚大沸，以免食材中的蛋白质分子运动激烈而使汤汁混浊。

★ 如需要长时间煨煮的汤菜，如红薯、莴笋、冬瓜、胡萝卜等一些耐煮的根茎类蔬菜，和肉类同时放入时宜切大块；若需加入一些嫩叶类蔬菜时，可在起锅前加入，以保持汤品食材成熟程度一致。

汤羹正品
华夏传承
汤

药膳靓汤有学问

老火靓汤常识篇

用适当的中药料和具有药用作用的食材一起制作成靓汤，是我国医学宝库中的一部分，它是以药治症，以靓汤扶正的一种食养食疗的好方法。随着时代的发展，人们对生活水平的要求越来越高，同时也就越来越看重养生之道，而药膳靓汤具有的养生及滋补功效也常常被人们所提及，药膳靓汤不仅能使人增进食欲，而且能帮助清火、祛暑、减肥、养颜等，甚至有可能减少胃癌的威胁。然而看似容易的药膳靓汤，其实隐藏了许多学问，如果不清楚，就有可能会弄巧成拙，造成相反的效果或根本无效。

选料要得当

中药选材最好选择民间认定的无负作用，性质平和的材料。如当归、枸杞子、淮山药、人参、百合、黄芪等，此外也可根据个人身体状况对症选料，如体质衰弱者可选用人参、山药、何首乌、桂圆等；肺结核者可选用百合、茯苓等；身体火气旺盛者，可选择海带、绿豆、冬瓜、莲子等。

食材要新鲜

在制作药膳靓汤时必须保证食材的新鲜度，这里的新鲜是指药膳所需要的畜肉、禽蛋等食材必须新鲜。新鲜的食材可以使蛋白质、脂肪等分解为氨基酸、脂肪酸等人体易于吸收的物质，此时不但营养最丰富，味道也最好，最好不要选用冷冻或保存时间过久的食材制作药膳靓汤。

水温要掌握

家庭在制作各式药膳靓汤时，需要注意并且掌握好水温。在制作药膳靓汤时需要注意用于制作靓汤的食材一定要冷水下锅，慢慢升温后煲制成靓汤。这是因为制作靓汤的各种食材冷水入锅，可以使食材不紧缩，可使食材中的各种养分，如蛋白质、脂肪、碳水化合物等充分溶解到靓汤里，靓汤的味道才鲜美。

❧ 下料有窍门 ❧

家庭在制作药膳靓汤时，常常使用一些片、丁、碎末等小型的药料。对于一些小型的药料，可以先用纱布包裹好，放入清水锅内煮成药汁，再放入其他食材和适量清水制作成靓汤，可以保证靓汤的食疗保健功效。

另外不要过早放入精盐，精盐会使食材中含有的水分很快跑出来，也会加快蛋白质的凝固，影响靓汤的鲜味。

❧ 火候要适当 ❧

制作家庭药膳靓汤，其中最为关键之一，就是要掌握好制作靓汤时的火候。在制作药膳靓汤时需要先用旺火烧沸，再改用小火慢煲。另外煲制靓汤的过程中不能中途加水，因为正加热的食材遇冷收缩，蛋白质不易溶解，靓汤便失去了原有的鲜香味，影响靓汤的口感。如果必须要添加清水，也需要加热水，而不要加冷水。

❧ 加热看时间 ❧

药膳靓汤的营养物质主要为氨基酸类，加热时间过长，会产生新的物质，营养反而被破坏，一般鱼类药膳靓汤需要煲1小时左右，鸡类、排骨类原料煲2～3小时，并非煲的时间越久越好。此外因为参类中含有一种人参皂甙，如果煮的时间过久，就会分解，失去其营养价值，所以制作人参类靓汤的最佳时间是40分钟左右。

❧ 砂锅药膳好 ❧

砂锅透气性好、传热均匀、蓄热能力强，有利于食材的有效成分更多地溶出，且不因局部过高温度使有效成分物理化学性质改变。所以在制作药膳靓汤时最好使用砂锅制作，不要使用金属类锅具，如铁锅、铝锅等，以免器皿与药料产生化学作用。

❧ 煲汤盖好盖 ❧

有些人在制作靓汤时因怕汤汁溢出而开盖煲制，这种做法是不可取的。因为有些用于药膳中的药材有效成分具有挥发性，开盖煲汤会损失食材的有效成分；同时开盖煲制汤煲会使水分蒸发过快，还会导致药材的有效成分不能完全溶出，降低食疗保健功效。

老火靓汤常识篇

汤羹正品
华夏传承

四季靓汤有讲究

一年四季气温的变化，天地运转，春作夏收，秋储冬藏，花开花落，人身也随之受到环境的影响。古有云：春之时，其饮食之味，宜减酸益甘，以养脾气。当夏之时，其饮食之味，宜减苦增辛，以养肺气。当秋之时，其饮食之味，宜减辛增酸，以养肝气。当冬之时，其饮食之味，宜减咸而增苦，以养心气。具体的意思，其实就是要根据春夏秋冬不同气候，身体的不同状况定制不同的饮食习惯，食用不同的靓汤，以保证身体的健康。

春 季

春季正是大自然气温上升、阳气逐渐旺盛的时候，同时依据"人与天地相应"的中医养生理论，春季人体之阳气也顺应自然，呈现向上，向外舒发的现象，此时若能适宜进补，将是一年中体质投资的最佳时节。

此外春季的多发病，如肺炎、肝炎、流行性脑膜炎、麻疹、腮腺炎、过敏性哮喘、心肌梗塞等，也与冬季失养有关，此时若能适量调补，也不失是一种"补救"。

春季养生应以补肝为主。而春季养肝首要一条是调理情志，即保持心情舒畅，不要生气。此外春天的药膳调养，要以平补为原则，不能一味使用温补品，以免春季气温上升，加重身体内热，损伤人体正气。

《 靓汤原则 》

靓汤中选择高热量的食材，是指在制作含有米面杂粮的靓汤时，适量加入豆类、花生等热量较高的食材。

保证充足的优质蛋白质。如奶类、蛋类、鱼肉、禽肉等。

保证充足的维生素。青菜、水果的维生素含量较高，如番茄等含有较多的维生素C，是增强体质、抵御疾病的重要食材。

《 推荐食材 》

春季喝汤宜选用较清淡，温和且扶助正气补益元气的食物。如偏于气虚的，可多选用一些健脾益气的食物，如红薯、山药、土豆、鸡蛋、鹌鹑蛋、鸡肉、鹌鹑肉、牛肉、瘦猪肉、鲜鱼、花生、芝麻、大枣、栗子等。偏于阴气不足的，可选一些益气养阴的食物来煲汤，如胡萝卜、豆芽、豆腐、莲藕、荸荠、百合、银耳、蘑菇、鸭蛋、鸭肉、兔肉、蚌肉、龟肉、水鱼等。

夏 季

夏季是天阳下济、地热上蒸，万物生长，天地间各种植物大都开花结果，自然界到处都呈现出茂盛华秀的景象。夏季也是人体新陈代谢量旺盛的时期，阳气外发，伏阴于内，气机宣畅，通泄自如，精神饱满，情绪外向，使"人与天地相应"。在炎热的夏季要保护体内的阳气，防暑邪、湿邪侵袭，这是"春夏养阳"的原则。如果没有适应炎热而潮湿的夏季气候的能力，就会伤害体内之阳气，从而导致许多疾病的发生。暑邪侵入人体后，人体会大量出汗，使体内的水和盐大量排出，导致体液急剧减少，表现为口干舌燥、口渴思饮、小便赤黄、大便秘结。

《 靓汤原则 》

夏季饮食养生应坚持四项基本原则。四项基本原则为饮食应以清淡为主，保证充足的维生素和水，保证充足的碳水化合物及适量补充蛋白质。

由于夏季炎热，身体出汗量多，体内丢失的水分多，脾胃消化功能较差，所以多饮用各式鲜美可口的靓汤是夏季饮食养生的重要方法。如早、晚进餐时食用靓汤，午餐时喝少许靓汤，这样既能生津止渴、清凉解暑，又能补养身体。

《 推荐食材 》

夏季的营养消耗较大，而天气炎热又影响人的食欲，所以要注意多补充优质的蛋白质，如鱼、瘦肉、蛋、奶和豆类等营养物质；吃些新鲜蔬菜和水果，如番茄、青椒、冬瓜、西瓜、杨梅、甜瓜、桃、梨等以获得充足的维生素；补充足够的水分和矿物质，特别要注意钾的补充，豆类或豆制品、香菇、水果、蔬菜等都是钾的很好来源；多吃些清热利湿的食物，如西瓜、苦瓜、桃、乌梅、草莓、番茄、黄瓜、绿豆等。

秋 季

秋季，自然界的阳气渐渐收敛，阴气渐渐增长，气候由热转寒。此时万物成熟，果实累累，正是收获的季节。

人体的生理活动也要适应自然环境的变化。与"夏长"到"秋收"自然阴阳的变化相应，体内阴阳双方也随之由"长"到"收"发生变化，阴阳代谢也要开始阳消阴长的过渡。

秋季养阴是关键。俗话说："入夏无病三分虚"。经过漫长的夏季，人体的损耗较大，故秋季易出现体重减轻、倦怠无力、讷呆等气阴两虚的症状。

《 靓汤原则 》

以润燥滋阴为主。秋季天气转凉，雨水少，温度下降，气候变燥，人体会发生一些"秋燥"的反应，如口干舌燥等秋燥易伤津液，故秋季饮食调养主要以润燥滋阴为主。

宜"少辛多酸"，要尽可能少食葱、姜、蒜、韭等辛味之品，防止耗伤阴血津液而加重口唇干燥的感觉，多吃一些酸味的水果和蔬菜。

提倡吃辛香气味的食物，秋季要避免各种湿热之气积蓄，凡是带有辛香气味的食物都具有散发的功用，因此，提倡吃些辛香气味的食物，如芹菜。

饮食要符合"秋冬养阳"的原则。秋季各种瓜果丰收之时，多食水果对健康大有益处，还可预防"秋燥"的产生，但秋季气候渐冷，瓜果不宜多食，以免损伤脾胃的阳气。

《 推荐食材 》

秋季应多食芝麻、核桃、银耳、百合、糯米、蜂蜜、豆浆、梨、甘蔗、乌骨鸡、藕、萝卜、番茄等具有滋阴作用的食物。秋季煲汤必备食材有菊花、百合、莲子、山药、莲藕、黄鳝、板栗、核桃、花生、红枣、梨、海蜇、黄芪、人参、沙参、枸杞、何首乌等。秋天鱼类、肉类、蛋类食品也比较丰富，在膳食调配方面要注意摄取食品的平衡，注意主副食的搭配及荤素食品的搭配，多饮鱼、鸡汤。

冬 季

冬季是一年中气候最寒冷的时节，天寒地冻。阴气盛极，阳气潜伏，草木凋零，蛰虫伏藏。万物封藏，但冬季也是一年中最适合饮食调理与进补的时期。此时人体新陈代谢处于较为低迷的状态，皮肤汗腺由疏松转为细密。冬季进补能提高人体的免疫功能，促进新陈代谢，使畏寒的现象得到改善；冬季进补还能调节体内的物质代谢，使营养物质转化的能量最大限度地贮存于体内，有助于体内阳气的升

发，为来年的身体健康打好基础。冬季饮食调理应顺应自然，注意养阳，以滋补为主，在膳食中应多吃温性，热性特别是温补肾阳的食物进行调理。以提高机体的耐寒能力。

《 靓汤原则 》

要注意多补充热源食物，增加热能的供给，以提高机体对低温的耐受力。

要多补充含蛋氨酸和无机盐的食物，以提高机体御寒能力。钙在人体内含量的多少可直接影响人体心肌，血管及肌肉的伸缩性和兴奋性，补充钙也可提高机体御寒性。

要多吃富含维生素B_2、维生素A、维生素C的食物，以防口角火、唇炎等疾病的发生。

《 推荐食材 》

冬季饮食应进食富含蛋白质、维生素和易于消化的食物，如粳米、玉米、小麦、黄豆、豌豆等豆谷类，韭菜、香菜、大蒜、萝卜、黄花菜等蔬菜、羊肉、狗肉、牛肉、鸡肉及鳝肉、鲤鱼、鲢鱼、带鱼、虾等海鲜类，橘子、椰子、菠萝、桂圆等水果。为预防冬季常见病，可常吃狗肉、羊肉、鹿肉、龟肉、麻雀肉、鹌鹑肉、鸽肉、虾、蛤蜊、海参等。这些食物可增加热量，防寒增温。

不同体质 不同靓汤

老火靓汤常识篇

中医认为，所谓体质，是指人体生命过程中，在先天禀赋(父母遗传)和后天获得的基础上所形成的形态结构、生理功能和心理状态方面综合的、相对稳定的固有特质，也就是我们通常所说个体差异。

人共有9种体质，分别为平和体质、气虚体质、阳虚体质、阴虚体质、特禀体质、气郁体质、血瘀体质、痰湿体质、湿热体质。下面您可以自测一下自己属于哪种体质，并根据体质选择不同的靓汤，以保健康长寿。

人的9种体质

《 平和体质 》 平和体质是正常体质，这类人体形匀称健壮，面色、肤色润泽，头发稠密有光泽，目光有神，唇色红润，不易疲劳，精力充沛，睡眠、食欲好，大小便正常，性格随和开朗，患病少。平和体质人群的饮食应有节制，不要过饥过饱，粗细粮食要合理搭配，多吃五谷杂粮、蔬菜、瓜果等，少食过于油腻及辛辣的靓汤。

《 气虚体质 》 气虚体质的人经常感觉疲乏、气短、讲话的声音低弱、容易出汗、舌边有齿痕。患病倾向有容易感冒，生病后抗病能力弱且难以痊愈，还易患内脏下垂比如胃下垂等。气虚体质在饮食上要多食用益气健脾的食物，如黄豆、白扁豆、鸡肉、香菇、红枣、桂圆、蜂蜜等，少食具有耗气作用的食物，如空心菜、生萝卜、茼蒿等。

《 阳虚体质 》 阳虚体质的人肌肉不健壮，时感手脚发凉，胃脘部、背部或腰膝部怕冷，衣服比别人穿得多，夏天不喜吹空调，喜欢安静，吃或喝凉的食物不舒服，容易大便稀溏，小便颜色清而量多。易出现寒病，腹泻、阳痿等。阳虚体质可多食牛肉、羊肉、鳝鱼、狗肉、生姜、洋葱等温阳之品，少食黄瓜、西红柿、冬瓜、莲藕、莴苣、西瓜等生冷寒凉食物。

《 阴虚体质 》阴虚体质的人体形多瘦长，经常感到手、脚心发热，脸上冒火，面颊潮红或偏红，耐受不了夏天的暑热，常感到眼睛干涩，口干咽燥，总想喝水，皮肤干燥，性情急躁，外向好动，舌质偏红，苔少。阴虚体质宜多吃瘦猪肉、鸭肉、绿豆、冬瓜、海蜇、马蹄、百合等甘凉滋润之品，少食羊肉、狗肉、韭菜、辣椒、葱蒜等性温燥烈之品。

《 特禀体质 》特禀体质是一类体质特殊的人群，有的即使不感冒也经常鼻塞、打喷嚏、流鼻涕，容易患哮喘，容易对药物、食物、气味、花粉、季节过敏，有的皮肤容易起荨麻疹，皮肤常因过敏出现紫红色瘀点，瘀斑，皮肤常一抓就红，并出现抓痕。特禀体质饮食宜清淡、多食益气固表的食物，少食荞麦、蚕豆、白扁豆、牛肉、鹅肉、鲤鱼、虾蟹、茄子、辣椒等辛辣之品。

《 气郁体质 》气郁体质的人体形偏瘦，常感闷闷不乐、情绪低沉，容易紧张、焦虑不安，多愁善感，感情脆弱，容易感到害怕或容易受到惊吓，常感到乳房及两胁部胀痛，常有胸闷的感觉，经常无缘无故地叹气，咽喉部经常有堵塞感或异物感，容易失眠。气郁体质适宜多食黄花菜、海带、山楂、玫瑰花等具有行气、解郁、消食、醒神食物，睡前避免饮茶、咖啡和可可等具有提神醒脑作用的饮料。

《 血瘀体质 》血瘀体质的人面色偏暗，嘴唇颜色偏暗，舌下的静脉瘀紫，皮肤比较粗糙，有时在不知不觉中会出现皮肤瘀青，眼睛里的红血丝很多，刷牙时牙龈容易出血。容易烦躁、健忘、性情急躁。血瘀体质食宜行气活血的食物，多食山楂、玫瑰花、金橘、黑豆、海带、紫菜、萝卜等具有活血、散结、行气、疏肝解郁作用的食物，少食肥肉等滋腻之品。

《 痰湿体质 》痰湿体质的人体形肥胖，腹部肥满而松软，容易出汗，经常感觉导肢体酸困沉重、不轻松。经常感觉脸上一层油，嘴里常有黏黏的或甜腻的感觉，嗓子老有痰，舌苔较厚。痰湿体质饮食应以清淡为主，多食海藻、海带、冬瓜、萝卜、金橘等，少食肥肉及甜、黏、油腻的食物。

《 湿热体质 》 湿热体质的人面部和鼻尖总是油光发亮，脸上容易生粉刺，皮肤容易瘙痒。常感到口苦、口臭或嘴里有异味，大便粘滞不爽，小便有发热感，尿色发黄，女性常带下色黄，男性阴囊总是潮湿多汗。湿热体质饮食以清淡为主，可多食红小豆、绿豆、芹菜、黄瓜、莲藕等甘寒、甘平的食物，少食羊肉、韭菜、生姜、辣椒、胡椒、花椒等甘温滋腻等食物。

靓汤秘诀大公开

老火靓汤常识篇

煲制靓汤是每个家庭常用的烹饪手法, 由于汤的种类繁多, 制法也多样, 档次也有不同, 想要煲好靓汤, 有些小秘诀, 您应该知道。

选料新鲜

制作各种底汤, 如清汤、奶汤等均要用鸡鸭, 但以用老母鸡、老公鸭为宜。其他如猪排骨、猪肚、猪肘以及制鱼汤的鲜鱼等, 均要求新鲜、干净, 火腿蹄子、火腿棒骨等也要求保持其应有的颜色和味道。

不加冷水

在制作底汤时要一次性把水量加足, 如果需要加水, 也要加入热水或沸水, 而不要中途加冷水。这是因为加入冷水会破坏汤汁中的温度平衡, 使遇冷的食材表面紧缩形成薄膜, 而影响滋味的释出。

盐不早放

制汤时可根据情况, 加入葱、姜和料酒之类的调料, 目的主要是可以除腥增香。若放盐最好在制汤尾声时放入, 否则盐的渗透作用, 会使食材表面蛋白质凝固而影响汤汁本身鲜味的散发。

掌握火候

正确掌握和运用火候, 也是制作汤煲的关键之一, 这里的火候应包括两个方面, 即火力的大小和加热时间的长短。正确地掌握和运用火候, 是关系到制汤成功与否的关键之一。如制清汤, 就要掌握旺火, 小火 (或微火) 等几个阶段的正确使用, 时间也要注意, 特别是旺火加热的时间, 并随时观察汤的变化; 又如制奶汤, 先用旺火将水烧沸, 撇去血沫, 加盖后继续用旺火烧煮, 使之保持沸腾状态, 直至汤白汤浓, 香味溢出为止。

除异增鲜

用于制汤的食材，大多有不同程度的腥味和异味，因此，在制汤时应加一些去腥原料除去异味，增加鲜味。如制清汤，应酌加姜、葱和料酒；熬煮鱼汤可加入几滴牛奶或放点啤酒，不仅可以去除鱼的腥味，还可使鱼肉更加白嫩，味道更加鲜美。做肉骨汤时，滴入少许米醋，可以使更多钙质从骨髓、骨头中游离出来，增加钙质。

清淡爽美

要想汤清、不混浊，必须用微火，使锅内汤汁只开、不滚腾。因为大滚大开，会使汤里的蛋白质分子凝结成许多白色颗粒，汤汁自然就混浊不清了。如果汤太咸了，可以把一些大米装入煲汤袋里，放进汤中一起煮，盐分就会被吸收，汤自然就会变淡了。对于油脂过多的原料煮出的汤，如果感觉特别油腻，可将少量紫菜置于火上烤一下，然后撒入汤内，可解去油腻；对于素汤，可以加入少许肥肉膘一起熬煮，可增加汤煲的风味。

时间长短

要使食材中的营养物质充分溢出进入汤汁内，一般需要较长的时间来制汤，但不是越长越好。一般地说，若用肉用型鸡或碎猪肉等易熟原料，时间可在2小时左右；若用猪棒骨、火腿骨头、老母鸡或猪爪等难熟的原料，则时间要长一些，约为3～4小时。

下料窍门

对于一些小型的药料，可以先用纱布包裹好，放入清水锅内煮成药汁，再放入其他食材和适量清水制作成靓汤，可以保证靓汤的食疗保健功效。另外不要过早放入精盐，精盐会使食材中含有的水分很快跑出来，也会加快蛋白质的凝固，影响靓汤的鲜味。

冷水入锅

动物性食材富含蛋白质、脂肪等，这些营养物质如果突然遇高温会马上凝固，形成外膜，或多或少地阻碍食材内部营养物质的外溢。把食材放入冷水锅内烧煮，由于冷水变成沸水需要一个过程和时间，而这个过程和时间可为营养素从食材中溢出创造条件，从而使汤汁味道越来越鲜美。

汤
汤羹正品
华夏传承

靓汤饮用的误区

饭后喝汤

饭前喝汤，胜似药方，就点明了汤与饭两种食品的先后，而且符合科学。吃饭前先喝几口汤，等于给消化道加了些润滑剂，使后来的食物顺利下咽，从而有益于胃肠对食物的消化与养分的吸收，并能在某种程度上减少食管炎、胃炎等疾病的发生。如果反其道而行之，饭前不喝汤，反而会冲淡胃液，影响食物的消化与吸收。

取汤而弃肉

一般人认为汤煲中的营养都集中在汤里，所以煲好的汤就只喝汤，而对于汤煲中的肉类等食材就弃之不理，其实这大错特错了。近年来发现，无论煲汤的时间有多长，肉类的营养也不能完全溶解在汤里。所以喝汤后还要吃适量的肉。

煲参汤时间越长越好

一般老人在制作各种参汤时，常常是将参类早早地放到汤里，一煲就是几个小时，认为这样才能将人参的营养都溶于汤中。其实参类中含有一种人参皂甙，如果煮得时间过久，就会分解，失去其营养价值，所以煲参汤的最佳时间是40分钟左右。

感冒喝姜汤

感冒是由人体感受自然界中的邪气引起的，根据病人感受的病邪性质不同，可将感冒分为风寒感冒和风热感冒，并不是所有的感冒都适宜用喝姜汤捂汗来医治的。中医认为对于患风寒感冒初期，喝热姜汤确有一定的好处；而对于风热感冒，人体本来已经感受了热邪，如果这个时候再服用姜汤，就如同火上浇油，适得其反。

❀ 老人喝骨头汤补钙 ❀

骨头汤的真正价值在于含有丰富的营养物质,特别是蛋白质和脂肪,对人体健康十分有益。但单纯靠喝骨头汤绝对达不到补钙的目的。检测证明,骨头汤里的钙含量微乎其微,更缺少具有促进钙吸收的维生素D。另外对老人而言,骨头汤里溶解了大量的骨内脂肪,经常食用还可能引起其他健康问题,因此骨头汤实属老年人不宜的汤品。

❀ 汤水泡饭 ❀

俗话说"汤泡饭,嚼不烂"。汤水和饭混在一起吃,是个不好的习惯。时间久了,会使消化机能减退,引起胃痛。汤和饭混在一起吃,咀嚼需要的时间短,唾液分泌亦少,食物在口腔中不等嚼烂,就同汤一起咽进胃里去了。这不仅使人"食不知味",而且舌头上的味觉神经没有刺激,胃和胰脏产生的消化液不多,并且还被汤冲淡,使吃进的食物不能很好地被消化吸收,日久天长,还会使自己的消化功能减退,甚至导致胃病。

❀ 晚餐喝汤不易胖 ❀

有些爱美人士,尤其是女性认为晚餐只喝汤,可以达到减肥的目的,其实晚餐喝太多的汤,会使人体对快速吸收的营养堆积在体内,很容易导致体重增加,而午餐时喝汤吸收的热量最少。

午饭用各种靓汤佐餐,可使胃内食物充分贴近胃壁,增强饱胀感,从而反射性地兴奋饱食中枢,抑制摄食中枢,降低食欲,减少摄食量,不但不会影响营养吸收和健康,还能收到减肥效果。因此为了防止长胖,不妨选择中午喝汤。

❀ 喝太烫的汤 ❀

有人喜欢喝滚烫的汤,此举是很伤胃的,有百害而无一利。因为人的口腔、食道、胃黏膜最高只能忍受70℃的温度,超过此温度则会造成黏膜的损伤,虽然烫伤后人体有自行修复的功能,但反复烫伤损害健康。一般来讲,喝50℃～60℃的汤较适宜。

产妇饮汤之禁忌

许多女性分娩之后，家人为了其尽快恢复身体状况，也为了促进乳汁的分泌，总免不了会给产妇准备美味可口的菜肴，特别是要炖一些营养丰富的汤煲。然而，假如没有掌握好科学的喝汤时机以及汤煲的营养搭配，很容易会适得其反，最终给孕妇留下健康隐患。

早期不宜大量喝汤

产妇在产后1～2天内，由于机体组织阻留的大量水迅速返回血管内，血容量增加。若产后大量喝汤，就会加重心肾负担。此外多喝汤有催乳作用，而此刻的新生儿吸吮能力较差，胃容量小，母乳进量有限，故很容易导致乳汁瘀滞，导致产妇乳房胀痛。此时产妇乳头比较娇嫩，很容易发生破损，一旦被细菌感染，就会引起急性乳腺炎，乳房出现红肿、热痛，甚至化脓，增加了产妇的痛苦，还影响正常哺乳。因此，产妇喝汤，一般应在分娩一周后逐渐增加，以适应孩子进食量渐增需要。

高脂肪浓汤不宜喝

有人给产妇做汤，认为越浓、脂肪越多营养就越丰富，以致常做含有大量脂肪的猪蹄汤、肥鸡汤、排骨汤等，实际上这样做很不科学。因为产妇吃过多高脂肪食物，很少吃含纤维素的食物，很容易会使身体发胖，影响体态美。并且产妇吃了过多的高脂肪食物，会增加乳汁的脂肪含量，婴儿对这种高脂肪乳汁不能很好吸收，容易引起新生儿腹泻，损害婴儿身体健康。所以此刻的产妇应多喝一些含蛋白质、维生素、钙、磷、铁、锌等较丰富的汤煲，如瘦肉汤、蔬菜汤和水果汁等以满足母体和婴儿的营养需要。同时还可防治产后便秘。

不宜多喝姜汁汤

产妇在分娩之后，由于腹壁松弛，盆腔压力减少，加上卧床不动，胃肠蠕动减弱，容易造成便秘，而姜汁汤性温味辛，过多饮用会加剧便秘症状。

不宜喝加药营养汤

许多家庭，喜欢为产妇炖各式滋补鸡汤，然而据医学研究证明，不少营养滋补药都或多或少含有激素，微量激素进入乳汁，婴儿吃后，易引起性早熟。

阿生
老火滋补靓汤

PART 1
蔬菜食用菌
(富含多种维生素和矿物质)

活血化瘀，消肿又止痛

花蟹白菜汤

<嫩软润滑，清甜鲜美>

原　料

大白菜300克，花蟹1个（约150克），水发木耳25克。

大葱段15克，老姜片10克，精盐1小匙，奶汤1000克，植物油1大匙。

靓汤功效

大白菜性平味甘，有通利肠胃，解除热烦，下气消食之功效，用其与花蟹煲制成靓汤，不仅鲜美惹人，且有清热解毒、补骨添髓、活血化瘀之功效。

做　法

1 大白菜去掉菜根，剥去外层老帮，取白菜嫩心，用清水漂洗干净，沥净水分，切成小块；水发木耳去蒂，洗净，撕成小块。

2 将花蟹刷洗干净，外壳打开，去掉蟹鳃及杂质，再切成小块。

3 净锅置火上，加入清水烧煮至沸，下入白菜块、木耳块焯烫一下，捞出，用冷水过凉，沥干水分。

4 净锅复置火上，加入植物油烧至六成热，下入大葱段、老姜片炝锅出香味，捞出葱段、姜片不用，下入白菜块、木耳块煸炒5分钟。

5 放入花蟹块，加入奶汤烧沸，转小火煮约2小时至熟香入味，加入精盐调好汤汁口味，出锅装碗即可。

白菜是我们家庭比较常见的健康食材之一，我们在制作菜肴时，很多时候只是用白菜叶，而白菜帮通常用来制作馅料，有时候甚至丢弃不用。其实对于比较老的白菜帮，在制作时只要把白菜帮里的淡黄或白色的硬筋从内侧抽出，再根据菜肴的需要加工成形，制作菜肴，既好吃又节约食材，做到物尽其用！

小贴士

食材宝典

大白菜

♥ 大白菜为我国原产及特产蔬菜。三国《吴录》、南北朝《南齐书》、唐朝《唐本草》、明朝《学圃杂疏》中均有白菜的记载，到了清朝，《顺天府志》、《胶州志》和《续菜谱》等文献中已有白菜栽培方法的记载。

润肠通便,护肤又养颜

奶汁白菜汤 <色泽淡雅,清香鲜美>

原 料

大白菜1000克,熟火腿150克。
精盐1小匙,味精1/2小匙,胡椒粉少许,清汤750克,熟鸡油少许。

靓汤功效

　　白菜、火腿均为营养丰富的食材,两者一起煮制成靓汤,能补充营养,通便,适用于营养不良、贫血、头晕、大便干燥者食用,有很好的食疗功效。

做 法

1 大白菜去掉菜根,剥去老帮,用清水洗净,沥干水分,切成长条;熟火腿切成小粒。

2 净锅置火上,加入清水烧煮至沸,放入白菜条焯烫一下,捞出白菜条,用清水过凉,沥干水分。

3 将白菜条整齐地码放在垫有竹箅子的砂锅内,撒上火腿粒,加入精盐、味精和清汤烧煮至沸,用小火煮30分钟,取出白菜条,码放在汤碗内。

4 将煮白菜的汤汁连同火腿粒潷入净锅内,置火上烧热,加入少许精盐、味精、胡椒粉烧沸,淋入熟鸡油,出锅倒在白菜条上即成。

强身健体，止渴又润燥

菠菜上汤虾 <营养丰富，鲜滑味美>

原料

菠菜300克，鲜虾100克，枸杞子少许。

精盐、生抽、白糖、胡椒粉、植物油各少许，上汤500克。

靓汤功效

有些人夏天时会觉得手脚发胀，本靓汤有通五脏血脉、清热润燥的效果，还可以减轻四肢肿胀不舒服的感觉。

做法

1 将菠菜去除菜根，剥去老叶，用淡盐水浸泡并洗净，沥干水分，切成小段；枸杞子洗净。

2 将鲜虾剥去虾壳，去除沙线，放入碗中，加入生抽、白糖、淀粉、胡椒粉拌匀，稍腌5分钟。

3 净锅置火上，加入清水、少许精盐和植物油烧沸，倒入菠菜段焯烫至熟，捞出沥水。

4 净锅复置火上，加入植物油烧热，下入鲜虾炒至变色，加入上汤煮沸，下入菠菜，加入少许精盐、胡椒粉，用小火煮至入味，出锅装碗即成。

排毒养颜, 清肺又补血

双莲枸杞煲 <软嫩清香，味美适口>

原 料

莲藕300克, 干莲子50克, 枸杞子10克。
葱段、姜片各15克, 精盐、白醋、生抽、白糖各少许, 清汤750克, 香油、植物油各适量。

靓汤功效

本款靓汤有健脾止泻、增进食欲, 促进消化, 开胃健中的功效, 有益于胃纳不佳, 食欲不振者恢复健康, 非常适宜年轻女性食用。

做 法

1. 将莲藕去掉藕节, 削去外皮, 用清水洗净, 沥净水分, 顺长切成两条, 再横切成半圆形小块, 放在容器内, 加入白醋和清水浸泡。

2. 将干莲子用温水浸泡至软, 取出, 去掉莲子芯, 放在大碗内, 加入清水和少许白糖, 上屉蒸10分钟, 取出。

3. 净锅置火上, 加入植物油烧至六成热, 将莲藕块蘸匀生抽, 放入油锅内炸至上颜色, 捞出沥油。

4. 砂锅置火上, 加入少许植物油烧热, 下入葱段、姜片炒出香味, 下入莲藕块、莲子翻炒均匀, 再加入清汤、精盐、白糖调匀, 用旺火烧沸。

5. 然后改用小火煮30分钟, 放入洗净的枸杞子, 续煮10分钟, 淋入香油, 离火上桌即成。

胡萝玉米汤

美容瘦身，健脾又开胃

〈色泽美观，清鲜味美〉

原料

嫩玉米1个（约300克），
胡萝卜200克，鲜猪脊骨
1块。
精盐适量。

靓汤功效

本款靓汤具有增强
免疫力、美容瘦身、健脾
开胃、祛湿利水、消除疲
劳之功效；适宜胃口欠
佳、易于疲劳、高血压、
经常口渴者食用。

做法

1 胡萝卜去根，用清水洗净，沥净水分，削去外皮，切成菱形小块；嫩玉米剥去外层叶子，用清水洗净，剁成3厘米大小的块。

2 鲜猪脊骨洗净，剁成小块，放入沸水锅内焯烫一下，捞出，换清水过凉。

3 取砂煲，加入适量清水，上火烧沸，放入胡萝卜、玉米、猪脊骨烧沸，再改用小火煲约2小时，然后加入精盐调味，出锅装碗即可。

食材宝典

胡萝卜

♥ 胡萝卜是营养价值较高
的蔬菜之一，在目前已发
现的20多种维生素中，胡
萝卜中就有10余种。

食材宝典

油菜

♥ 油菜古称"菘"，系由芸薹演化而来，属芸薹种白菜亚种的一个变种，以绿叶为产品的一二年生草本植物，为我国原产和特产蔬菜之一。我国早在新石器时期的西安半坡遗址中，就已发掘出十字花科植物的种子。在先秦文献中已有"菘"的记载，至南北朝时已分化出不同的类型，唐宋以后已广布全国各地，19世纪下半叶传到日本，20世纪中叶传到欧美各国。

辅助治疗高血压

菜心珧柱排骨汤

<软嫩清香，咸鲜味美>

原 料

油菜心250克，排骨200克，江珧柱40克，枸杞子10克。

葱段15克，姜片25克，精盐1小匙，胡椒粉少许，香油1/2小匙，植物油1大匙。

靓汤功效

本款靓汤具有清热、除烦、利水、止渴、补肌、润燥的作用，成品清热利尿又不伤肾阴，降血压亦不寒凉，适宜高血压者食用。

做 法

1 油菜心用清水洗净，沥净水分，在根部剞上十字花刀；排骨洗净，剁成4厘米大小的块，放入沸水锅内焯烫一下，捞出，用冷水洗净并过凉。

2 江珧柱洗净，放入碗内，加入葱段、姜片和清水浸泡，再上屉蒸10分钟，取出江珧柱，撕成条状；蒸江珧柱的汤汁过滤，留原汤汁待用。

3 净锅置火上，加入植物油烧至六成热，下入姜片炝锅出香味，加入清水（约2500毫升）烧沸。

4 放入排骨块、江珧柱，改用中火煲约90分钟，再放入油菜心、洗净的枸杞子，转小火煲30分钟。

5 撇去表面的杂质，调入精盐、胡椒粉调好汤汁口味，淋入香油，出锅即成。

油菜在烹调中应用十分广泛，适宜于拌、炒、煮、烧、烩、煨等烹调方法，可作主料单用或配荤素料，也可制作靓汤或腌作小菜。油菜株形整齐，易于排列成形，是很好的菜肴围衬材料。油菜的叶片碧绿，既可制作菜松，又是制作"翡翠"菜肴的原料。

小贴士

南瓜瘦肉汤

清热通便，瘦身又健体

〈荤素搭配，营养丰富〉

原料

南瓜400克，猪瘦肉250克。
老姜块10克，精盐1小匙，胡椒粉少许，植物油1大匙。

靓汤功效

本款靓汤具有清热通便、瘦身健体、补中益气、消炎止痛的功效，适宜糖尿病、身体水肿、胎动不安者食用。

做法

1 将南瓜洗净，削去外皮，切开成两半，去掉瓜瓤，用清水漂洗干净，沥净水分，再切成大块；老姜削去外皮，洗净，切成大片。

2 猪瘦肉去除筋膜，洗净，切成大块，放入沸水锅内焯烫一下，捞出，用冷水过凉、沥干水分。

3 净锅置火上，加入植物油烧至六成热，下入姜片炝锅出香味，再加入适量清水烧煮至沸。

4 然后放入南瓜块、猪肉块煮沸，再改用小火煲约2小时，加入精盐、胡椒粉调好口味，出锅装碗即可。

原 料

韭菜（春韭）150克，绿豆芽75克，猪血1块（约100克）。
姜块15克，精盐适量，鲜汤1000克。

靓汤功效

本款靓汤为春季养生靓汤，具有养血补血、润肠通便之功效，适宜大肠燥热引起的大便不畅者食用。

做 法

1 韭菜去掉老根、择去老叶，用清水漂洗干净，沥净水分，切成小段；绿豆芽掐去两端，用清水洗净，沥干水分；老姜去皮，洗净，切成细丝。

2 猪血洗净，切成大小均匀的块状，放入清水锅内，加入少许精盐焯烫一下，捞出沥水。

3 净锅置火上，加入鲜汤，下入韭菜段、绿豆芽、姜丝煮10分钟后，再放入猪血块，用小火煮至猪血熟透，加入精盐调味即可。

食材宝典

韭菜

♥ 韭菜营养成分以胡萝卜素和钙、磷、铁等矿物质为主，纤维素含量也比较丰富，为有利于肠胃消化功能的保健蔬菜。

疏调肝气，增强消化功能

豆芽春韭猪红汤

〈软嫩清香，咸鲜味美〉

阿生 老火滋补靓汤

原料

藕节300克,猪排骨1大块(约250克),生地黄25克,黑木耳10克,蜜枣少许。
姜片15克,精盐1小匙,植物油1大匙。

靓汤功效

本款靓汤具有清热养颜、收敛止血、凉血散瘀之功效,特别适宜妇女月经过多、肠燥便秘、痔疮兼见大便出血者食用。

做法

1 藕节刮去外皮,用淡盐水浸泡并洗净,沥干水分,切成厚片;生地黄、黑木耳用温水浸泡1小时,捞出,换清水洗净;蜜枣洗净。

2 猪排骨剁成大小均匀的小块,用清水洗净,放入沸水锅内焯烫一下,捞出,用冷水过凉,沥干水分。

3 净锅置火上,加入植物油烧至六成热,下入姜片炝锅出香味,再放入排骨块略炒。

4 然后加入适量清水煮沸,放入藕节块、生地黄、黑木耳,用旺火煮沸,再改用小火煲约2小时,最后加入精盐调好口味,淋入香油,离火上桌即成。

藕节木耳排骨汤

收敛止血,凉血散瘀效果佳

〈清鲜味美,软嫩适口〉

60

补中益气，养血又生津

番薯鸡蓉羹 ＜蔬菜皇后，浓鲜适口＞

原　料

新鲜番薯叶400克，鸡胸肉150克，鲜草菇、火腿片各25克。
精盐2小匙，水淀粉2大匙，鸡清汤1250克，熟猪油、香油各适量。

靓汤功效

　　本款靓汤有生津润燥、健脾宽肠、养血止血、通乳汁、补中益气、通便等功效，可用于消渴、便血、血崩、乳汁不通等症。

做　法

1 新鲜番薯叶洗净，放入清水锅内焯烫2分钟，捞出，换清水过凉，洗净，剁成碎末。

2 鲜草菇洗净，切成碎粒，加入火腿片、鸡清汤、熟猪油和少许精盐，入屉用旺火蒸20分钟，取出，去掉火腿片，留草菇碎和原汁。

3 鸡胸肉去掉筋膜，剁成细蓉，加入少许鸡清汤调拌均匀成鸡肉蓉。

4 净锅置火上，加入熟猪油烧热，放入番薯叶炒香，倒入草菇及原汁，加入鸡清汤、精盐烧沸，用水淀粉勾芡，淋入香油成靓汤。

5 取八成靓汤倒入汤碗内；再把剩余靓汤烧沸，加入鸡蓉煮匀，用水淀粉勾芡，出锅倒在靓汤的一边即成。

降低血压，预防心血管病

上汤时蔬

<亦汤亦菜，汁鲜味美>

原料

各种时蔬500克，老母鸡、猪瘦肉各250克，金华火腿、桂圆肉各适量。
老姜1块，胡椒粒少许，精盐、冰糖各适量。

靓汤功效

本款靓汤具有养血止血、通利肠胃、健脾和中、止渴之功效，对头痛、目眩、高血压、糖尿病、便秘、消化不良等有一定的效果。

做法

1 将各种时蔬择洗干净，放入沸水锅内焯烫一下，迅速捞出，放入冷水中浸泡至凉，取出时蔬，沥净水分；老姜洗净，拍碎。

2 将老母鸡、猪瘦肉、金华火腿收拾干净，剁成大块，放入锅内，加入适量清水烧沸，转小火煮约20分钟，捞出，用清水冲净，放入汤锅内。

3 再加入适量清水（如选用纯净水效果更佳）、老姜、胡椒粒，用中火煮3小时。

4 然后放入桂圆肉、冰糖继续煲2小时，离火后用纱布过滤，去掉杂质，取净上汤。

5 上汤中加入精盐调好汤汁口味，放入焯烫好的各种时蔬稍煮几分钟，出锅装碗即成。

"上汤"是粤菜菜品烹调中常用的一种高汤，主要用于烹调鱼翅、上汤菜心等，上汤不仅味道鲜美，而且清澈透明。

蔬菜的颜色与营养关系密切。颜色深的营养价值高，颜色浅的营养价值低，其排列顺序是"绿色蔬菜→黄色（红色）蔬菜→白色（无色）蔬菜"。此外同类蔬菜中由于颜色不同，营养价值也不同。黄色胡萝卜比红色胡萝卜营养价值高，其中除含有大量的胡萝卜素外，还含有具强烈抑癌作用的黄碱素，有预防癌症的功用。

小贴士

汤的种类

♥ 制作靓汤离不开一些基础汤汁，基础汤汁就是把蛋白质、脂肪含量丰富的各种食材，放在水中煮，使蛋白质和脂肪等营养素溶于水中成汤汁，用于制作靓汤菜肴使用。根据各种基础汤汁不同的原料和质量要求，除了上汤外，基础汤汁主要分为毛汤、奶汤、清汤、素汤。

消暑清热，补脾又止泻

芡实香芋煲

〈香松软滑，鲜甜可口〉

原料

芋头150克，芡实100克，鲜虾75克。

精盐1小匙，料酒1大匙，冰糖2大匙，植物油适量。

靓汤功效

本款靓汤具有消暑清热、益肾涩精、补脾止泻之功效，特别适宜脾虚久泻、遗精带下、心悸失眠者食用。

做法

1 将芡实洗净，再放入清水中浸泡2小时；芋头削去外皮，用淡盐水浸泡并洗净，切成小块。

2 坐锅点火，加入植物油烧至六成热，下入芋头块冲炸一下，捞出沥油。

3 鲜虾去掉虾头，剥去外皮，去除沙线，切成丁，加入料酒、少许精盐拌匀。

4 净锅置火上，加入适量清水烧煮至沸，下入芡实，用中火煮至芡实变软（筷子一夹就可以夹开）。

5 再放入芋头块、鲜虾调匀，用旺火煮沸，撇去表面的浮沫，再改用小火煲约20分钟，加入精盐、冰糖调好口味，出锅装碗即成。

养心安神, 润肺止咳佳品

冰糖银耳炖百合 <软糯甜润，清香适口>

原料

鲜百合100克, 银耳10克, 枸杞子少许。
冰糖2大匙。

靓汤功效

本款靓汤具有润燥清热、清心除烦、宁心安神等功效, 对于热病后余热未消、神思恍惚、失眠多梦、心情抑郁等病症有一定的疗效。

做法

1 将银耳放入冷水中浸泡至发涨, 取出, 撕成小块, 放入沸水锅内焯烫一下, 捞出, 沥净水分; 枸杞子洗净, 放入清水中浸泡5分钟, 捞出沥水。

2 鲜百合去除硬梗, 剥取百合片, 用清水洗净, 再放入沸水锅内焯烫一下, 捞出, 用冷水过凉, 沥干水分。

3 净锅置火上, 加入适量清水煮沸, 再改用小火, 下入银耳块略煮。

4 然后依次放入鲜百合、枸杞子拌匀, 用小火煮约15分钟, 加入冰糖煮至溶化, 出锅装碗即可。

滋阴降火，减肥还轻身

老黄瓜扁豆排骨汤 <营养丰富，软嫩浓鲜>

原 料

老黄瓜400克，排骨250克，扁豆50克，麦冬30克，蜜枣15克。
姜片15克，精盐1小匙，植物油1大匙。

靓汤功效

本款靓汤具有润肠通便、减肥瘦身、滋阴降火、清热利咽、清心润肺之功效，适宜尿少尿黄、咽喉肿痛、烦躁易怒者食用。

做 法

1. 老黄瓜削去外皮，去掉瓜瓤，用清水洗净，沥净水分，切成小段；扁豆去净筋膜，洗净，切成小块；麦冬、蜜枣分别洗净。

2. 排骨洗净血污，剁成大小均匀的块，放入沸水锅中焯烫一下，捞出，换清水漂洗干净，沥干水分。

3. 净锅置火上，加入植物油烧至六成热，先下入姜片炝锅出香味，再放入排骨块煸炒5分钟。

4. 然后加入适量清水煮沸，再放入老黄瓜段、扁豆块、麦冬、蜜枣调匀。

5. 再沸后改用小火煲约3小时，加入精盐调好汤汁口味，出锅装碗即成。

花生木瓜猪蹄汤

丰胸美肤，抗皱且防哀

〈色泽美观，味美适口〉

原料

木瓜300克，猪蹄1个，带皮花生75克。
精盐适量。

靓汤功效

本款靓汤具有丰胸美肤、抗皱防衰、延年益寿、健脾消食之功效，特别适宜皮肤过快老化、乳汁不通、消化不良者食用。

做法

1 木瓜去外皮及瓜瓤，洗净，切成大块；带皮花生放入容器内，加入清水浸泡30分钟，取出，再换清水洗净。

2 猪蹄收拾干净，剁成大小均匀的块，放入沸水锅内焯煮5分钟，捞出，换清水过凉，洗净。

3 取砂煲，加入适量清水煮沸，放入木瓜、花生和猪蹄烧沸，再改用小火煲约3小时，加入精盐调味即成。

食材宝典

木瓜

♥ 木瓜中含有木瓜酶，不仅可分解蛋白质、糖类，还可以有效地分解脂肪，促进新陈代谢，及时把多余脂肪排出体外，从而达到减肥的目的。

食材宝典

冬瓜

♥ 冬瓜又称白瓜,主要产于夏季,取名为冬瓜是因为瓜熟之际,表面上有一层白色粉状的东西,就好像是冬天所结的白霜。冬瓜果实形状可分为扁圆形、短圆筒形和长圆筒形3种;按果实表皮颜色和蜡粉的有无分为青皮和白皮(粉皮)2种;也可按果实大小分为小果型和大果型。

清热解暑，强身又减肥

冬瓜草菇鲜虾汤

<口味清新，软烂适口>

原 料

冬瓜400克，草菇150克，鲜虾100克。
姜片25克，精盐2小匙，胡椒粉少许，香油1小匙，植物油1大匙。

靓汤功效

本款靓汤具有清热、解暑、化浊、开胃、消胀、祛痰等功效，对水肿、胀满、痰喘、痔疮、高血压、动脉硬化有很好的疗效，还可以用于治疗食滞不化等症。

做 法

1 冬瓜去根（不用削皮），切开后去掉冬瓜瓤，用清水洗净，切成大块；草菇去蒂，切成两半，放入沸水锅中焯烫一下，捞出，换清水洗净，沥干水分。

2 鲜虾去掉虾头，剥去虾壳，去掉黑色的沙线，加入少许精盐、料酒和淀粉拌匀。

3 净锅置火上，加入清水烧沸，下入鲜虾焯烫至变色，捞出，沥净水分。

4 净锅复置火上，加入植物油烧至六成热，下入姜片炝锅出香味，再添入适量清水烧煮至沸，捞出姜片不用，放入冬瓜块、草菇调匀，转中火煮约1小时。

5 撇去汤汁表面浮沫，放入鲜虾煮10分钟，加入精盐、胡椒粉调好汤汁口味，淋入香油，出锅装碗即成。

冬瓜本身没有味道，所以在制作冬瓜菜肴时，尤其是靓汤时，最好加入一些鲜味食材，如海米、鲜虾、腊肉、火腿、蟹肉等一起制作成汤羹，不仅使菜肴荤素搭配，而且可以使口味更加鲜美入味。

冬瓜皮的功效与冬瓜相同，但冬瓜皮的利水消肿功能更好，所以在制作冬瓜靓汤菜肴时，可把洗净的冬瓜带皮一起煮制成靓汤，食用时去除冬瓜皮即可。

小贴士

野菜绿豆肉汤

清热解毒，清肠且通便

〈三色相映，清鲜咸香〉

原料

马齿苋400克，猪瘦肉200克，绿豆50克，蜜枣15克。

精盐适量。

靓汤功效

本款靓汤具有清肠通便、清热解毒、凉血止痢之功效，特别适宜大肠湿热所致的大便溏黏臭秽、里急后重、大便出血等症。

做 法

1 马齿苋去掉菜根和老叶，用清水洗净，放入沸水锅内焯烫一下，捞出，用冷水过凉，沥干水分；蜜枣洗净；绿豆择去杂质，再用温水浸泡2小时。

2 将猪瘦肉去除筋膜，洗净血污，擦净水分，切成4厘米大小的厚片。

3 取砂煲，加入适量清水烧沸，放入绿豆、马齿苋、蜜枣和猪肉片煮沸，再改用小火煲约2小时，调入精盐即可。

食材宝典

马齿苋

♥ 马齿苋生食、烹食均可，柔软的茎可像菠菜一样烹制。马齿苋茎顶部的叶子很柔软，可以像豆瓣菜一样烹食，可用来做靓汤、炖菜等，另外马齿苋的茎叶可用醋腌泡后食用。

原 料

鲜香菇150克,排骨适量,木耳25克。
老姜片25克,精盐2小匙,胡椒粉少许,植物油适量。

靓汤功效

　　本款靓汤具有养颜美容、活血降脂、降低血压之功效,特别适宜高脂血症、高血压者经常食用。

做 法

1 鲜香菇去掉菌蒂,用温水浸泡2小时,再换水洗净;木耳用清水浸泡1小时,撕成小块;排骨剁成大小均匀的块,放入沸水锅内焯烫一下,捞出沥水。

2 净锅置火上,加入植物油烧至六成热,下入姜片炝锅出香味,下入排骨块翻炒均匀。

3 再添入适量清水烧沸,然后下入香菇、木耳调匀,改用小火煲2小时,加入精盐、胡椒粉调好口味即成。

　　排骨在煲汤之前须用沸水焯烫一下,再过冷水冲净,这样既可去除排骨的血水和杂质,又可使其在煲汤时不易散烂。

小贴士

活血降脂,养颜又美容

香菇木耳排骨汤

〈香菇软嫩,排骨清香〉

原料

银耳25克, 鹌鹑蛋10个。姜汁1/2小匙, 精盐1小匙。

靓汤功效

本款靓汤具有美容养颜、润泽肌肤、健脑益智、提神醒脑、滋阴润肺之功效, 适宜记忆力下降、烦躁失眠、大便干结、阴虚肺燥、口干口渴者食用。

做法

1 将银耳放在干净容器内, 加入适量温水浸泡至涨发, 捞出银耳, 去掉菌蒂, 撕成小朵。

2 将鹌鹑蛋敲开外壳, 取净鹌鹑蛋液倒入碗内, 加入姜汁、少许精盐调拌均匀。

3 锅中加入适量清水烧沸, 放入银耳块, 用小火煮20分钟, 倒入鹌鹑蛋液后关火, 加入精盐调味即可。

煮汤时放入鹌鹑蛋液后应立即关火, 甚至可以关火后再放入蛋液, 略加搅拌即可, 这样可避免蛋液因煮沸时间过长而变老, 影响口感。 **小贴士**

银耳鹌蛋汤

美容养颜, 润泽肌肤效果佳

〈色泽淡雅, 清香适口〉

消暑清热，健脾又开胃

冬瓜冲菜肉汤煲 ＜色泽淡雅，鲜咸辣香＞

原料

冬瓜400克，猪瘦肉200克，冲菜100克。
精盐2小匙，料酒1大匙，淀粉少许。

靓汤功效

　　本款靓汤具有健脾开胃、消暑清热、生津除烦、补益肠胃的功效，特别适宜暑天烦渴、胸闷胀满、食欲欠佳者经常食用。

做法

1　将冬瓜对半切开，去除冬瓜瓤，连皮洗净，沥净水分，切成大块；冲菜去根，漂洗干净，切成小条，放入沸水锅中焯烫一下，捞出沥水。

2　猪瘦肉去掉筋膜，洗净血污，切成大片，加入料酒、少许精盐、淀粉拌匀、上浆。

3　取砂煲，加入适量清水煮沸，放入冬瓜块、冲菜、猪肉片烧沸，再改用小火煲约1.5小时，加入精盐调味即可。

　　冲菜是青菜腌制而成，因口味冲辣而得名。冲菜含盐分较重，与冬瓜等煲成汤羹，既可醒胃、开胃，又能补钠，以平衡机体的缺水状态。

小贴士

清热化痰, 强身又益智

上汤煲冬笋

<肉质细嫩, 滋味鲜美>

原 料

冬笋400克, 虾仁100克, 胡萝卜30克, 水发香菇25克。
姜片15克, 精盐1小匙, 美极鲜酱油2小匙, 胡椒粉、白糖各少许, 上汤750克, 植物油1大匙。

靓汤功效

本款靓汤具有清热化痰、消食下气、帮助消化、去除积食等功效, 特别适宜糖尿病、水肿、腹水、咳嗽、便秘者经常食用。

做 法

1 将冬笋切去根, 剥去外壳, 再削去外皮, 用清水洗净, 切成大小均匀的厚片, 放入沸水锅中, 加入少许精盐焯烫一下, 捞出沥水。

2 虾仁洗净, 去掉沙线, 放入碗内, 加入少许精盐、淀粉拌匀、上浆; 水发香菇洗净, 切成小块; 胡萝卜去皮, 洗净, 切成花片。

3 净锅置火上, 加入植物油烧至六成热, 下入姜片炝锅, 倒入上汤烧煮至沸。

4 取出姜片不用, 下入冬笋片、香菇块、胡萝卜片和虾仁煮沸, 撇去浮沫, 用小火煮约5分钟。

5 再加入精盐、胡椒粉、白糖、美极鲜酱油调好汤汁口味, 出锅装碗即成。

我国笋的种类有很多, 其中食用笋主要有刚竹属、慈竹属、刺竹属和苦竹属四类。在烹调中笋一般按采收季节简单分为冬笋、春笋和夏初的笋鞭三类, 其中品质以冬笋最佳, 春笋次之, 而笋鞭的质量最差。

新鲜的笋存放时不要剥掉外壳, 否则会失去固有的清香味; 另外加工冬笋时需要注意, 笋尖部的地方肉质软要顺切, 下部肉质硬要横切, 这样烹煮时不仅容易熟烂, 而且更容易入味。 小贴士

食材宝典

冬笋

♥ 冬笋色泽洁白，质地细嫩，口味清鲜，在烹调中的用途十分广泛。它既能与鸡、鸭、鱼、肉为伍，也能与豆制品、蘑菇、蔬菜同煮，适于炒、拌、煮、焖、烩、烧等多种烹调方法。另外冬笋除了烹调菜肴外，还可以加工成玉兰片、笋干、笋衣、笋丝、酸笋、火笋、盐笋及笋罐头等。

清肝降火, 消脂又降压

苦瓜西芹煲肉汤 〈色泽淡雅, 鲜咸适口〉

原料

苦瓜300克, 猪瘦肉150克, 芹菜100克。
姜块15克, 精盐2小匙, 胡椒粉少许, 香油1小匙, 植物油1大匙。

靓汤功效

本款靓汤具有清肝降火、消脂降压之功效; 特别适宜高血脂、高血压、糖尿病症见头晕面赤、口干舌燥、烦躁失眠者食用。

做法

1 苦瓜去根, 顺长切成两半, 去除瓜瓤, 用清水洗净, 切成厚片, 放在容器内, 加入少许精盐拌匀, 再用清水洗净; 芹菜去根和菜叶, 洗净, 切成小条。

2 猪瘦肉去掉筋膜, 洗净血污, 切成大片; 姜块去皮, 洗净, 切成小片。

3 净锅置火上, 加入植物油烧至六成热, 下入姜片炝锅出香味, 放入猪肉片煸炒至变色。

4 再倒入适量清水煮沸, 放入苦瓜片、芹菜段调匀, 再沸后改用小火煲约1小时, 加入精盐、胡椒粉调好口味, 淋入香油, 出锅装碗即可。

补中益气，健脾又消食

香菇胡萝排骨汤 <鲜美甘润，清香适口>

原料

胡萝卜300克，排骨250克，大白菜150克，香菇25克。
精盐适量。

靓汤功效

本款靓汤具有补中益气、健脾消食、行气化滞、益眼明目之功效，特别适宜食欲缺乏、腹胀腹泻、咳喘痰多、视物不明者食用。

做法

1 胡萝卜去根，用清水洗净，削去外皮，切成大块；香菇用清水浸泡至涨发，去蒂，切成两半；大白菜去根和老叶，洗净，切成长条。

2 排骨洗净血污，沥净水分，剁成大小均匀的块，放入沸水锅内焯烫一下，捞出沥水。

3 取砂煲，加入适量清水烧沸，放入排骨、胡萝卜、香菇和白菜烧沸，再改用小火煲2小时，加入精盐调味即成。

食材宝典

胡萝卜

♥ 胡萝卜有补中下气、利胸膈、润肠胃、安五脏功效，特别在秋令时节，常食胡萝卜能增强体质、提高免疫力。

凉血解毒, 除烦又化痰

丝瓜排骨汤 <色泽美观，清香鲜美>

原 料

丝瓜500克, 猪排骨250克, 南杏仁、北杏仁各20克。

精盐1小匙, 味精1/2小匙, 胡椒粉少许。

靓汤功效

本款靓汤具有凉血解毒、解暑除烦、消热化痰、去热利水的食疗功效, 特别适宜月经不调、痰喘咳嗽、肠风痔漏、血淋、疔疮痈肿者经常食用。

做 法

1 把丝瓜去掉根, 用清水洗净, 顺长切成两半, 去掉丝瓜瓤, 再切成大块; 南杏仁、北杏仁用温水浸泡并洗净, 剥去子膜, 沥净水分。

2 净锅置火上, 加入清水烧煮沸, 放入丝瓜块焯烫一下, 捞出丝瓜块, 用清水过凉, 沥干水分。

3 猪排骨洗净血污, 剁成大小均匀的块, 放入清水锅内煮约5分种, 捞出排骨块, 换清水洗净, 沥水。

4 汤锅置火上, 加入足量清水、排骨块煮沸, 撇去浮沫, 改小火煮约30分钟。

5 再加上南杏仁、北杏仁、丝瓜块, 继续用小火煮30分钟, 加上精盐、味精、胡椒粉调好口味, 出锅装碗即成。

清热降火,美容又润肤

丝瓜银芽田鸡汤 <营养均衡, 鲜咸味美>

原料

丝瓜350克, 绿豆芽 (银芽) 250克, 田鸡适量。
姜片15克, 精盐2小匙, 胡椒粉、植物油各少许, 清汤1000克。

靓汤功效

本款靓汤具有美容润肤、通络利湿、清热降火、利水消肿之功效, 适宜湿热困阻、肌肉筋络引起的周身骨痛、四肢关节疼痛者食用。

做法

1 丝瓜去根, 洗净, 去掉丝瓜瓤, 切成菱形块, 用淡盐水浸泡10分钟, 取出、沥水, 绿豆芽掐去两端, 用清水洗净, 沥净水分。

2 田鸡剁去头, 剥去外皮, 去掉田鸡内脏, 用清水洗净, 沥净水分, 剁成大块。

3 净锅置火上, 加入植物油烧至六成热, 下入姜片炝锅出香味, 下入田鸡块炒至变色。

4 倒入清汤调匀, 用旺火煮至沸, 下入丝瓜块、绿豆芽, 盖上汤锅盖, 改用小火煮30分钟, 加入精盐、胡椒粉调好汤汁口味, 出锅装碗即成。

消除皱纹，美白肌肤效果佳

芡实莲子炖木瓜 <色泽美观，汤清甜润>

原料

木瓜300克，莲子、芡实、薏米各50克，桂圆25克。
蜂蜜适量。

靓汤功效

本款靓汤具有健脾胃、清湿热、补五脏之效，对脾胃虚弱引起的食欲不振、消化不良、四肢无力等有食疗作用。

做法

1 将莲子、芡实、薏米放在干净的容器内，加入适量清水调匀，浸泡2小时，再换清水洗净；桂圆去掉果核，取净桂圆果肉。

2 将木瓜洗净，擦净水分，削去外皮，切开后去掉瓜瓢，再切成大块。

3 汤锅置火上，加入适量清水烧沸，下入莲子、芡实和薏米，用旺火煮沸。

4 再改用小火煮约1小时至熟烂，撇去汤汁表面浮沫，然后放入木瓜块、桂圆肉煮15分钟，离火稍凉，加入蜂蜜调好口味，出锅装碗即可。

PART 2

禽蛋豆制品

（优质蛋白质的来源之一）

理气健脾，美容又养颜

陈皮南姜炖老鸡

<软嫩清香，滑爽可口>

原料

老鸡1只，南姜25克，茯苓、陈皮各10克。
葱段15克，精盐、胡椒粉、鸡精、香油各适量，植物油1大匙。

靓汤功效

本款靓汤具有理气健脾、祛湿化痰、润肺止咳、开胃顺气功效，适宜脾胃不和、不思饮食、咳嗽痰多、胸膈满闷、头晕目眩者食用。

做法

1 老鸡宰杀，放入沸水中烫掉绒毛，去掉内脏、鸡尖等，用清水洗净，剁成大块，再放入清水锅内焯煮5分钟，捞出鸡块，用冷水过凉，洗净。

2 陈皮用清水洗净，刮去瓤，再用清水浸泡几分钟；南姜、茯苓分别洗净，拍碎。

3 净锅置火上，加入植物油烧至六成热，下入葱段炝锅出香味，下入老鸡块煸炒5分钟。

4 再加入适量清水，用旺火烧沸，捞出葱段不用，撇去汤汁表面的浮沫，放入陈皮、南姜、茯苓调匀，再沸后改用小火煲约2小时。

5 最后加入精盐、胡椒粉、鸡精调好汤汁口味，淋入香油，出锅装碗即可。

南姜又称为芦荟姜，姜科姜族山姜属，原产于我国南方地区，现在东南亚普遍栽培。南姜尝起来辣中带甜的风味类似肉桂，但具有辛呛味，温胃散寒、消食止痛，有温脾胃、祛风寒、行气止痛的作用，用于脘腹冷痛、胃寒呕吐、嗳气吞酸等症。南姜除药用外，我国潮汕地区常用于煲汤，以去除煲汤食材的腥膻，另外南姜还大量用作香料、药酒等，而用南姜制粉的南姜粉为"五香粉"的原料之一。 小贴士

药料宝典

陈皮

♥ 陈皮为芸香科植物橘及其栽培变种的干燥成熟的果皮，其主要含有挥发油。陈皮味苦、辛，性温，苦能泄能燥，辛能散，温能和，所以陈皮具有理气健脾、燥湿化痰功效，主治胸脘胀满，食少吐泻，咳嗽痰多，是一味常用中药。古人认为：入药以陈者为佳，故名"陈皮"。

防止食欲不振有效果

淮山银杏煲老鸡 ＜营养丰富, 醇香可口＞

原料

净老鸡1只, 银杏30克, 当归10克, 干淮山4片。 鲜姜25克, 精盐适量。

靓汤功效

本款靓汤具有益肾、补脾、固精之功效, 能辅助治疗脾肾两虚、精关不固、遗精早泄、腰膝酸软、神疲乏力、头晕目眩等症, 还可以防止食欲不振、四肢乏力、消化不良等。

做法

1 净老鸡洗净, 用刀剁去鸡头、爪和尾部, 剁成大小均匀的块状, 放入沸水锅内焯烫5分钟, 捞出, 用清水冲去浮沫, 沥净水分。

2 鲜姜去皮, 洗净, 切成小片; 银杏剥去外壳, 去掉仔皮和胚芽, 用清水洗净。

3 干净的汤锅 (或紫砂煲) 置火上, 倒入适量清水烧沸, 加入鸡块、洗净的干淮山片、当归、姜片和银杏。

4 先用旺火煮沸, 改小火煮约2小时至熟香入味, 加入精盐调好口味, 出锅装碗即可。

清心安神，滋阴又润燥

沙参玉竹鸡汤 <色泽淡雅，清香适口>

原料

仔鸡半只，沙参、玉竹、红枣各20克。
姜块15克，精盐2小匙，胡椒粉1/2小匙，料酒1大匙。

靓汤功效

本款靓汤具有养阴、润燥、除烦、止渴、清肺的效果，用于防治气虚久咳、肺燥干咳、痰少不利、体弱少食、口干口渴等。

做法

1　将仔鸡收拾干净，去掉鸡头、内脏和鸡尖，剁成大小均匀的块，放入沸水锅中焯烫5分钟，捞出仔鸡块，用冷水过凉并漂洗干净，沥净水分。

2　将沙参、玉竹分别洗净；红枣洗净，去掉枣核，取净枣肉；姜块去皮，洗净，切成小片。

3　净锅置火上，放入冷水，加入仔鸡块，先用旺火煮沸，转小火，再稍煮10分钟，撇净表面浮沫。

4　烹入料酒，放入洗净的玉竹、沙参、姜片和红枣调匀，再用小火煲约2小时至熟烂，加入精盐、胡椒粉调好口味，出锅装碗即可。

帮助消化, 改善新陈代谢

木瓜炖土鸡 <木瓜软嫩, 土鸡清香>

原料

净土鸡1只, 青木瓜200克, 红枣25克。
姜片10克, 精盐1小匙, 米酒、鱼露各2小匙, 鸡精、胡椒粉、香油各少许。

靓汤功效

本款靓汤具有润肺、健脾、益胃、滋阴、美颜的功效, 是深秋冬初时的家庭周末靓汤, 且男女老少皆宜。

做法

1 净土鸡用清水洗净, 剁成3厘米大小的块, 放入沸水锅内汆烫2分钟, 捞出, 用冷水过凉, 沥水; 红枣洗净, 去掉枣核, 留红枣果肉。

2 将青木瓜洗净, 切开成两半, 去掉木瓜瓤, 去除外皮, 再切成大块。

3 锅中加入适量清水加热, 下入姜片煮沸, 放入土鸡块、木瓜块和红枣调匀。

4 再沸后撇去浮沫, 用小火炖1小时, 加入精盐、米酒、鱼露、鸡精和胡椒粉, 盖上锅盖, 再用小火慢煮20分钟至肉熟, 淋入香油, 出锅装碗即可。

莲淮炖老鸡

健脾理胃，养颜美容效果好

〈色泽淡雅，清香味美〉

▌原 料 ▌

老母鸡1只，淮山50克，干莲子40克，枸杞子10克。
生姜25克，精盐2小匙。

▌靓汤功效 ▌

本款靓汤具有固肾涩精、补脾止泄、利湿健中等功效，是秋季养生调理润燥温补的佳品，还有养颜美容的食疗功效。

▌做 法 ▌

1 老母鸡宰杀，烫去鸡毛，去掉鸡爪、鸡尖和鸡头，剖开鸡腹，去掉内脏和杂质，放入清水中漂洗干净，再放入沸水锅内焯煮5分钟，捞出，用清水冲净，沥干水分。

2 淮山洗净，去皮，切成大片；干莲子洗净，用水浸泡30分钟；枸杞子洗净；生姜去皮，切成大片。

3 将母鸡、淮山、莲子、枸杞子、姜片放入汤煲中，用旺火煮沸，转小火煲2小时，加入精盐调好口味即成。

药料宝典

淮山

♥ 淮山有健脾补肺、益胃补肾、强筋骨的功效，对脾胃虚弱、倦怠无力、食欲缺乏、久泄久痢、肺气虚燥等有疗效。

药料宝典

玉竹

♥ 玉竹又称玉参，质润和降，具有润肺滋阴，养胃生津的功效。《本草经集注》有云："茎干强直，似竹箭杆，有节。"故有玉竹之名。据《本草正义》记载："治肺胃燥热，津液枯涸，口渴嗌干等症，而胃火炽盛，燥渴消谷，多食易饥者，尤有捷效"。

清热解毒，去燥效果佳

玉竹马蹄炖仔鸡

〈色泽淡雅，口味清鲜〉

原料

仔鸡1只，马蹄75克，枸杞子15克，干玉竹10克。
姜片15克，精盐、胡椒粉、味精各少许，植物油适量。

靓汤功效

用马蹄、玉竹搭配仔鸡一起煲制成靓汤饮用，口味不仅特别鲜美，还具有清热、解毒的功效，而且还是很好的清热去燥靓汤。

做法

1 把仔鸡宰杀，烫去鸡毛，剁去鸡爪，去掉鸡嗉子，开膛后去掉内脏和杂质，用清水漂洗干净，沥净水分，剁成大小均匀的块。

2 干玉竹用温水浸泡至软，取出、沥水；马蹄洗净，放入清水锅内煮熟，捞出、过凉，剥去外皮，对半切开。

3 净锅置火上，加入清水煮沸，下入仔鸡块焯烫几分钟，捞出，换清水洗净血污，沥净水分。

4 汤锅置火上，加入植物油烧至六成热，下入姜片炝锅出香味，下入仔鸡块煸炒5分钟，添入适量清水烧煮至沸，转小火煮30分钟。

5 再放入玉竹、马蹄、枸杞子调匀，盖上汤锅盖，继续用小火煲1小时，加入精盐、味精、胡椒粉调好汤汁口味，出锅装碗即可。

马蹄属沙草科植物马蹄（荸荠）的球茎，多年生草本，在我国主要分布于江苏、安徽、浙江、广东等水泽地区。马蹄皮色紫黑、肉质洁白、味甜多汁，清脆可口，有"地下雪梨"之美誉，北方人视为"江南人参"。

加工时马蹄需要先放入清水锅内煮熟再去皮，马蹄带皮煮能够保持马蹄中的营养成分有所保留，煮熟的马蹄放在冷水中浸泡后，剥皮也能够方便很多。

小贴士

虫草花鸡汤

益精补髓，滋阴又补血

〈红白双色，浓鲜味美〉

原料

净仔鸡400克，猪瘦肉150克，桂圆、虫草花各25克。
精盐适量。

靓汤功效

本款靓汤具有益精补髓、滋阴补血、补肾润肺、温中益气之功效，特别适宜病后体弱、肾虚、阳痿、腰膝酸痛者经常食用。

做 法

1. 净仔鸡洗净，剁成大块，放入沸水锅内焯烫一下，捞出，换清水洗去血污，沥净水分；桂圆、虫草花分别浸泡30分钟，洗净。

2. 猪瘦肉洗净，去掉筋膜，切成小块，放入沸水锅内焯2分钟，捞出沥水。

3. 取砂煲，加入适量清水煮沸，下入仔鸡块、猪肉块、桂圆和虫草花，用旺火煲沸，再改用小火煲3小时，加入精盐调味即成。

食材宝典

虫草花

♥ 虫草花并非花，它是人工培养的虫草子实体，属于一种菌类，其功效和虫草差不多，具有滋肺补肾、护肝、抗氧化、防衰老、抗菌消炎、镇静、降血压、提高机体免疫力等作用。

原 料

净仔鸡400克,洋参40克,枸杞子、淮山各10克。

姜片10克,精盐少许,植物油适量。

靓汤功效

本款靓汤具有大补元气、固脱生津、安神定志的功效,尤其适用于男性房事过度,心悸失眠,肢软乏力等症。

做 法

1 净仔鸡洗净,剁成大小均匀的块,放入沸水锅内焯烫5分钟,捞出,换清水洗净血污,沥干水分;洋参、枸杞子、淮山分别洗净。

2 汤锅置火上,加入植物油烧热,下入姜片炝锅出香味,倒入适量清水煮沸。

3 再放入仔鸡块、洋参、枸杞子、淮山烧沸,然后改用小火煲约2小时,加入精盐调好口味即成。

有时候我们从市场上买来的冻鸡,有些从冷库里带来的怪味,影响食用。可在煲制靓汤前先把收拾干净的鸡用姜汁浸泡几分钟,就能起到返鲜作用,怪味即除。 **小贴士**

壮骨健腰,舒筋又活络

洋参鸡汤煲

〈仔鸡软嫩,汤汁鲜美〉

原料

鸡腿400克, 鲜莲子100克, 枸杞子10克。

老姜15克, 精盐2小匙, 胡椒粉、鸡精各少许, 料酒1大匙, 植物油适量。

靓汤功效

本款靓汤具有补脾止泻、益肾固精、养心安神之功效, 适用于虚烦失眠、心悸不安、遗精、淋浊、带下、脾虚等症。

做法

1 鸡腿顺长切开, 剔去鸡腿骨, 取带皮鸡腿肉, 去掉肥油, 用清水洗净, 沥净水分, 剁成大小均匀的小块, 加入少许精盐、料酒拌匀。

2 鲜莲子剥去外壳, 剔去莲子芯, 用清水浸泡并洗净, 沥净水分; 枸杞子洗净; 老姜去皮, 洗净, 切成片。

3 净锅置火上, 加入清水烧沸, 下入鸡腿块焯烫一下, 捞出, 用热水清洗干净。

4 净锅复置火上, 加入植物油烧热, 下入老姜片炝锅, 下入鸡腿块翻炒均匀。

5 添入适量清水煮沸, 放入鲜莲子、枸杞子, 再改用小火煮约45分钟, 加入精盐、胡椒粉、鸡精调好汤汁口味, 出锅装碗即可。

养心安神, 补脾还益肾

鲜莲鸡腿汤

〈鸡肉软嫩, 莲子清香〉

有益脾胃, 养血又补血

鸡肉金针汤 <肉嫩菇香，鲜咸味美>

原料

鸡胸肉250克, 金针菇100克, 鸡蛋清1个, 香葱段少许。
葱段、姜片各10克, 清汤750克, 精盐、味精、胡椒粉、香油、植物油各适量。

靓汤功效

本款靓汤具有补肝肾、益脾胃、养血的功效, 适用于身体虚弱, 消化不良, 贫血, 精力疲倦等症。健康人食之能增强体质、保健防病。

做法

1 将鸡胸肉去掉白色的筋膜, 片成大片, 加入鸡蛋清、淀粉和少许精盐拌匀、上浆, 再放入沸水锅内焯烫一下, 捞出沥水。

2 鲜金针菇去蒂, 用淡盐水浸泡并洗净, 捞出, 再放入沸水锅内焯烫一下, 取出。

3 汤锅置火上, 加入植物油烧热, 下入葱段、姜片炝锅出香味, 倒入清汤烧沸。

4 捞出葱段、姜片不用, 再下入鸡胸肉片煮至熟嫩, 下入焯烫好的金针菇调匀, 用旺火煮沸。

5 撇去浮沫, 盖上汤锅盖, 改用小火煮20分钟, 再放入精盐、味精、胡椒粉调好汤汁口味, 淋入香油, 撒上香葱段, 出锅装碗即可。

调理身体, 有效补充元气

珧柱枸杞炖凤爪

<色泽淡雅, 软糯清香>

原料

凤爪400克, 珧柱100克, 枸杞子10克。
花椒2克, 八角、桂皮各少许, 白醋2小匙, 精盐、胡椒粉、味精各适量。

靓汤功效

本款靓汤具有补中益气、滋养五脏、补精添髓、养筋健骨的功效, 对虚劳过度、腹泻下痢、病后虚弱者有一定的保健食疗效果。

做法

1 将凤爪剥去外层老皮, 去掉趾甲, 用清水洗净, 放入清水锅内, 加入白醋煮沸, 离火将鸡爪浸泡在汤水内约30分钟, 捞出沥水。

2 将珧柱放入碗内, 加入适量温水浸泡至发涨, 取出, 去掉硬筋和杂质, 再换清水洗净。

3 将凤爪放在炖盅内, 加入适量热水浸过凤爪表面, 放入花椒、八角和桂皮, 盖上炖盅盖, 放入蒸锅内, 先用旺火隔水炖约20分钟。

4 取出花椒、八角、桂皮不用, 放入珧柱、枸杞子调匀, 改用中火炖30分钟。

5 最后加入精盐、胡椒粉、味精调好汤汁口味, 取出, 直接上桌即成。

炖有两个不同的炖法, 分别为不隔水炖和隔水炖。隔水炖是将原料在沸水内烫去腥污后, 放入瓷制或陶制的钵内, 加入葱、姜、料酒等调味品与汤汁, 用纸封口或盖上钵盖, 再将钵放入水锅内(锅内的水需低于钵口, 以滚沸水不浸入为度), 盖紧锅盖, 不使漏气, 以旺火烧, 使锅内的水不断滚沸直至熟香。隔水炖可使原料的鲜香味不易散失, 制成的菜肴香鲜味足, 汤汁清澄。

小贴士

食材宝典

凤爪

♥ 凤爪位于鸡腿下面，其外皮内包裹有鸡肉和骨头，并有坚实的结缔组织穿插其中。凤爪含有比较丰富的胶原蛋白，制熟后可产生黏性，别有风味。凤爪多皮、筋，胶质大，常用于煮制成汤菜食用，也适宜用卤、酱、烧、焖等长时间烹调方法制作菜肴，对于一些质地肥厚肉用凤爪，也可煮熟后脱骨，用拌、炒等方法加工成菜。

清热凉血,益阴且生津

生地凤爪汤 <凤爪软嫩,鲜咸味美>

原 料

凤爪400克,生地黄、枸杞子各25克。
葱段、姜片各15克,八角、陈皮、花椒、精盐、味精、胡椒粉、料酒、生抽各少许,植物油适量。

靓汤功效

本款靓汤质润多液,有清热凉血、益阴生津、润燥消渴等食疗功效,适合温热病后期、邪热伤津者经常食用。

做 法

1 将凤爪的外皮撕去,剁去凤爪的趾尖,用淡盐水浸泡并洗净,取出,沥净水分,再加入料酒和生抽拌匀;生地黄、枸杞子分别洗净。

2 净锅置火上,加入植物油烧至六成热,下入凤爪炸至上颜色,捞出沥油。

3 将葱段、姜片、八角、陈皮、花椒用纱布包裹好成料包,放入净锅内。

4 放入生地黄、凤爪,加入适量清水淹没凤爪,先用旺火煮沸,撇去浮沫和杂质,再转用小火煮约2小时。

5 加入精盐、味精和胡椒粉调好汤汁口味,离火出锅,装碗上桌即成。

健脾利湿，补血又补脑

花生桃仁凤爪汤 <软烂浓鲜，汤清味美>

原料

凤爪400克，猪瘦肉200克，核桃仁、花生仁各50克，枸杞子10克。
姜片、精盐、植物油各适量。

靓汤功效

　　本款靓汤具有健脾利湿、补肾健脑、增进食欲的功效，对全家老少都有一定的滋润、补脑，壮腰骨的功效。

做法

1 凤爪剥去老皮，剁去爪尖，用清水洗净；猪瘦肉去掉筋膜，洗净血污，切成小块；核桃仁、花生仁、枸杞子用清水洗净，沥净水分。

2 净锅置火上，加入适量清水烧沸，下入凤爪、猪肉块焯烫一下，捞出过清水洗净，沥干水分。

3 汤锅置火上，加入植物油烧至六成热，下入姜片炝锅出香味，捞出姜片不用。

4 下入凤爪、猪肉块煸炒5分钟，加入适量清水煮沸，撇去浮沫，改用小火煮约2小时至熟香入味，加入精盐调好口味，出锅装碗即可。

活血止血，强筋又健骨

菇枣炖凤爪

<软嫩清香，咸鲜适口>

原料

凤爪400克，香菇50克，红枣40克。
姜块15克，精盐、胡椒粉各少许，植物油适量。

靓汤功效

本款靓汤具有软化血管、养血催乳、活血止血、强筋健骨的功效，对虚劳过度、腹泻下痢、病后虚弱者有一定的食疗保健效果。

做法

1 将凤爪剥去老皮，剁去爪尖，用清水洗净，放入沸水锅内焯烫一下，捞出，用冷水过凉，洗净，沥净水分；姜块去皮，切成小片。

2 香菇用清水浸泡至发涨，去掉菌蒂，切成两半；红枣去掉枣核，取净红枣肉。

3 净锅置火上，加入植物油烧至六成热，下入姜片炝锅出香味，下入凤爪煸炒片刻。

4 添入适量清水，用旺火煮沸，撇去浮沫和杂质，下入香菇、红枣，再沸后改用小火炖约1小时，加入精盐、胡椒粉调好汤汁口味，出锅装碗即可。

石斛麦冬鸡肉汤

养胃生津，滋补养生佳品

〈鸡肉软嫩，汤汁浓鲜〉

原 料

鸡胸肉250克，石斛、麦冬、枸杞子各15克。
葱段、姜片、料酒、精盐各适量。

靓汤功效

本款靓汤具有清胃热、养胃阴、生津液、止渴饮的功效，适宜日常熬夜、便秘、燥咳、酒醉不醒、体虚者和老幼妇孺经常食用。

做 法

1 将鸡胸肉去掉白色筋膜，洗净血污，放入沸水锅内，加入葱段、姜片和料酒焯烫一下，捞出鸡胸肉，用冷水过凉，沥净水分，切成条块。

2 石斛放入温水中泡软并洗净，用剪刀剪成6厘米的小段，再用刀拍散；麦冬、枸杞子洗净。

3 将鸡肉、石斛、麦冬、枸杞子、清水一同放入煲内烧沸，再改用小火煮2小时，加入精盐调味，出锅装碗即可。

药料宝典

麦冬

♥ 麦冬又名书带草、麦门冬、寸冬，为百合科沿阶草属多年生常绿草本植物，以块根入药。

食材宝典

♥ 海马是刺鱼目海龙科暖海生数种小型鱼类的统称，鱼纲、海龙目，属于硬骨鱼，因其头部像马而得海马之名。海马是一种经济价值较高的名贵中药，具有强身健体、补肾壮阳、舒筋活络、消炎止痛、镇静安神、止咳平喘等药用功能，特别是对于治疗神经系统的疾病更为有效，自古以来备受人们的青睐。海马除了主要用于制造各种合成药品外，还可以直接服用健体治病。

强壮筋骨, 补血还补虚

海马当归炖鸡肾

<味鲜醇厚, 老少皆宜>

原料

鲜鸡肾250克, 海马、当归各10克。

葱段、姜片各25克, 精盐2小匙, 胡椒粉、鸡精各少许, 植物油1大匙。

靓汤功效

本款靓汤具有补肾壮阳、止咳平喘、镇静安神、散结消肿、活血补血功效, 适宜妇女产后、头晕眼花, 视力减退, 肾虚腰疼, 神经衰弱者经常食用。

做法

1 将鲜鸡肾用清水洗净, 放入清水锅内, 加入少许葱段、姜片烧沸, 改用小火煮10分钟, 捞出鸡肾, 用冷水过凉, 剥去外皮, 沥净水分。

2 将海马用温水浸泡并洗净, 再放入沸水锅内焯烫一下, 取出, 沥净水分。

3 将当归用清水浸泡10分钟, 再用牙刷轻轻刷洗干净, 擦净水分, 切成薄片。

4 净锅置火上, 加入植物油烧至六成热, 下入葱段、姜片炝锅出香味, 倒入适量清水煮约10分钟, 捞出葱段、姜片不用。

5 再下入鸡肾、海马、当归片烧沸, 然后改用小火煮约90分钟, 撇去浮沫和杂质, 加入精盐、胡椒粉、鸡精调好汤汁口味, 出锅装碗即可。

"鸡肾"又称"鸡腰", 为美味的鸡杂之一。鸡肾其形状如卵, 略小于鸽蛋, 色泽乳白, 质地细嫩, 外有筋膜包裹, 煮后须剥去, 适宜多种技法制作美味菜肴。

家庭在制作海马当归炖鸡肾时, 也可以加入一些蔬菜和菌藻, 如白萝卜、莲藕、茭白、香菇、金针菇、口蘑等, 不仅营养更为均衡, 而且汤汁口味更为鲜美。

小贴士

松茸鸡翅汤

温中益气，补精填髓

〈色泽淡雅，鲜美清爽〉

原料

鸡翅400克, 鲜松茸100克, 西洋参15克。
姜片15克, 精盐2小匙。

靓汤功效

本款靓汤具有温中益气、补精填髓、益五脏、补虚损的功效, 适宜身体虚弱、容易疲劳的亚健康人群以及消化不良者经常食用。

做法

1 鸡翅取鸡翅中, 去净绒毛, 用清水洗净, 放入沸水锅内焯烫一下, 捞出, 用清水过凉, 沥净水分; 西洋参择洗干净, 切成小段。

2 鲜松茸用淡盐水洗净, 沥净水分, 切成小片, 放入沸水锅内焯烫一下, 捞出沥水。

3 鸡翅放入汤锅内, 加入姜片、清水炖1小时, 再放入松茸、西洋参炖30分钟, 加入精盐调好口味即成。

食材宝典

鸡翅

♥ 选购鸡翅时要求鸡翅外皮色泽白亮或呈米色, 并且富有光泽, 无残留毛以及毛根, 富有弹性。

原料

鸡翅400克,马蹄75克,冬菇25克。
姜片15克,精盐适量。

靓汤功效

　　本款靓汤具有滋补肝肾,生精明目、润肠养肺、止咳定喘的效果,适用于头晕眼花,视力减退,肾虚腰疼,神经衰弱等症。

做法

1　将鸡翅去净绒毛,用清水洗净,放入沸水锅内焯烫一下,捞出,用清水过凉,沥净水分。

2　马蹄削去外皮,用清水洗净,切成两半;冬菇用温水浸泡至发涨,去掉菌蒂,在表面剞上十字花刀。

3　将鸡翅、马蹄、冬菇、姜片放入汤锅内,用旺火烧沸,再改用小火炖2小时,加入精盐调味,出锅装碗即成。

　　在炖鸡翅时如果要想使汤味鲜美,应把鸡翅焯水后直接放入冷水锅内,用中小火慢炖,可使鸡翅中的呈鲜物质更多地渗入到汤内,所以成菜的汤味鲜美。　小贴士

止咳定喘,滋补肝肾

马蹄冬菇炖鸡翅

〈鸡翅软嫩,清香鲜咸〉

原料

鸡翅300克, 花生米50克, 红枣25克。
陈皮、姜片各10克, 精盐、胡椒粉、味精各少许, 植物油1大匙。

靓汤功效

本款靓汤具有理气和中、燥湿化痰、利水通便的功效, 主治脾胃不和、脘腹胀痛、不思饮食、呕吐哕逆、咳嗽痰多等症。

做法

1 鸡翅去净绒毛, 用清水漂洗干净, 剁去翅尖, 在鸡翅表面划两刀以便于入味, 放入沸水锅内焯烫一下, 捞出鸡翅, 沥净水分。

2 陈皮用清水浸泡至软, 用刀刮去瓤, 再换清水洗净, 切成小块; 花生米用温水浸泡30分钟; 红枣去掉枣核, 取净红枣果肉。

3 汤锅置火上, 加入植物油烧至六成热, 下入姜片、鸡翅煸炒5分钟出香味。

4 添入适量清水煮沸, 放入陈皮、花生米、红枣调匀, 用小火慢煮90分钟, 加入精盐、胡椒粉、味精调好汤汁口味, 出锅装碗即可。

理气和中, 利水通便

花生陈皮鸡翅汤

〈鸡翅软嫩, 清鲜味美〉

开胃消食，降脂又降压

山楂炖山鸡 <红白双色，软滑清香>

原 料

净山鸡半只(约500克)，
山楂100克。
精盐、白糖各适量。

靓汤功效

　　山鸡含有丰富的营养，而山楂富含B族维生素，两者搭配成靓汤，可以促进人体对营养素的吸收和利用，并有消食、通便的功效。

做 法

1 将净山鸡洗净，剁成大块，放入冷水锅内烧沸，焯烫几分钟，取出山鸡块，换清水冲洗干净。

2 将山楂洗净，从中间切开，剖去里面的籽，放入淡盐水中浸泡10分钟(这样可以有效地去除山楂的酸味，使山楂变得不再那么酸)。

3 将山鸡块、山楂放入汤锅内，加入适量清水烧沸，改用小火慢炖1小时，加入精盐、白糖调好口味，出锅即成。

　　家庭在制作一些肉类靓汤或菜肴时，如炖排骨、炖牛肉、清炖鱼、清炖鸡等，可以加入几粒山楂，不仅可以加快肉的熟烂，而且味道也会更加鲜美。

小贴士

温中补胃, 补血又养颜

红枣洋参乌鸡汤

<营养丰富, 口味清香>

原料

乌骨鸡1只 (约1000克), 红枣40克, 洋参15克。大葱15克, 生姜10克, 精盐2小匙, 料酒1大匙。

靓汤功效

本款靓汤具有滋补肝血, 明目养颜、温中健胃的效果, 对于血气不足, 肝肾亏损, 头晕眼花, 耳鸣, 失眠, 心跳, 须发早白, 月经不调等, 有较好的食疗功效。

做法

1 将乌骨鸡宰杀, 用热水煺去绒毛, 剁去鸡爪, 去掉鸡嗉子, 剖腹后去掉内脏和杂质, 用淡盐水浸泡并洗净, 捞出乌骨鸡, 沥净水分, 剁成大块。

2 净锅置火上, 加入清水烧沸, 下入乌骨鸡块焯烫5分钟, 捞出, 用冷水过凉, 沥干水分。

3 将红枣去掉枣核, 洗净; 洋参洗净, 切成小片; 生姜洗净, 去皮, 切成片; 大葱洗净, 切成段。

4 汤锅置火上, 放入乌骨鸡块、红枣、洋参片、生姜片和葱段, 加入适量清水淹没乌骨鸡块, 先用旺火煮沸, 撇去表面浮沫。

5 加入料酒, 转小火煮约2小时, 加入精盐调好汤汁口味, 出锅装碗即可。

乌骨鸡是具有滋补功效的食材, 在用乌骨鸡熬制汤羹时需要注意, 在煮乌骨鸡前可用刀背将乌鸡的腿骨、胸骨砸碎, 再放入汤锅内熬炖, 可最大限度地保留乌骨鸡的营养和滋补功效; 此外熬煮时最好不用高压锅, 而用砂锅熬炖 (炖煮时宜用小火慢炖), 可使成菜口味别具一格。

小贴士

食材宝典

乌骨鸡

♥ 乌骨鸡的全身羽毛洁白，但鸡皮、鸡肉、鸡骨、鸡眼以及鸡内脏等均为黑色，因此得乌骨鸡之名。乌骨鸡营养丰富，富含氨基酸，其中有10种氨基酸的含量比鸡肉高，中医认为有补肾强肝、补气益血等功效，对治疗妇女体虚、不孕、月经不调、习惯性流产、赤白带下及产后虚弱等症均有疗效。

滋补脾肾，可以恢复神采

田七乌鸡汤 <汤浓鸡嫩，清香甘甜>

原料

乌鸡1只，田七15克，枸杞子10克。
葱段、姜片各15克，精盐、味精各少许，料酒1大匙，清汤1500克。

靓汤功效

本款靓汤具有活血补虚、养阴益气、化瘀止痛、降低血压功效，可以改善心肌供血、增加血管弹性，对产妇去瘀生新非常有效。

做法

1 乌鸡宰杀，煺去鸡毛，去掉鸡嗉子、鸡尖，剖开鸡腹，取出内脏和杂质，用清水洗净，剁成小块，放入沸水锅内焯烫一下，捞出，用清水过凉，洗净。

2 取一半的田七，研成末；另一半田七放入小碗内，加入料酒，上屉蒸软，取出，切成薄片。

3 汤锅置火上，放入乌鸡块、葱段、姜片、田七片和洗净的枸杞子，加入清汤淹没乌鸡块。

4 先用旺火煮沸，撇去浮沫，再改用小火煮约90分钟，捞出葱段、姜片不用，放入田七粉末，加入精盐、味精调好汤汁口味，出锅装碗即可。

补血养血，美容又养颜

淮杞炖乌鸡 <香浓绵滑，营养丰富>

原料

乌骨鸡半只 (约400克)，
枸杞25克，淮山片10克。
姜片15克，精盐适量，
牛奶400克。

靓汤功效

　　本款靓汤非常有特
色，乌鸡的滋补自不在
话下，淮山、枸杞子能补
血、养颜，合而为汤，不
仅食疗功效显著，而且
味道鲜美。

做法

1 将半只乌骨鸡用清水漂洗干净，捞出沥水，剁成大小均匀的块；枸杞子洗净，沥净水分，淮山片洗净。

2 净锅置火上，加入清水烧沸，下入乌鸡块焯烫一下，捞出，用冷水过凉，沥净水分。

3 取炖盅，加入煮沸的清水，放入乌鸡块、姜片、淮山片，盖上炖盅盖，用中小火隔水炖1小时。

4 再倒入牛奶，放入枸杞子，再用小火炖20分钟，加入精盐调好口味，取出即成。

养颜排毒，减肥效果佳

木瓜煲老鸭 <色泽美观，鸭嫩瓜香>

原料

老鸭半只（约750克），木瓜1个。
姜块、大葱各25克，上汤1000克，味精、生抽、料酒、冰糖、植物油各适量。

靓汤功效

本款靓汤具有平肝和胃、丰胸通乳、润滑肌肤、增强体质，养颜排毒之功效。

做法

1 将老鸭收拾干净，用清水洗净，沥净水分，剁成大小均匀的块；木瓜去皮、去瓤，切成大块；姜块去皮，切成片；大葱取葱白部分，切成段。

2 净锅置火上，加入清水、少许葱白段、姜片烧沸，下入鸭块煮几分钟，捞出，用冷水冲洗干净，沥干水分。

3 净锅复置火上，加入植物油烧热，下入葱白段、姜片、鸭肉块煸炒出香味，加入上汤，放入生抽、料酒烧沸，转小火煮60分钟。

4 放入木瓜块、冰糖，盖上锅盖，继续用小火焖煮20分钟，加入味精调匀，出锅装碗即可。

冬笋老鸭汤

滋阴养胃，利水又消肿

〈鸭肉软嫩，汤汁鲜美〉

原料

净仔鸭1块（约400克），冬笋150克，胡萝卜100克，蒜苗段25克。
老姜25克，精盐2小匙，生抽1小匙，植物油3大匙。

靓汤功效

本款靓汤具有滋阴、养胃、利水和消肿的作用。除可大补虚劳外，还可消毒热、利小便、退疮疖、养胃生津、清热健脾、虚弱水肿等。

做法

1. 净仔鸭斩成大小均匀的块，放入沸水锅内焯烫一下，捞出鸭块，沥净水分；冬笋去皮，洗净，滚刀切成大块；胡萝卜去皮，切成菱形片。

2. 净锅置火上，加入植物油烧至八成热，先下入拍碎的老姜爆香，再倒入鸭块，不停翻炒至表面略焦。

3. 然后加入适量清水（水量以浸过鸭块5厘米为宜）烧沸，改用小火煮20分钟。

4. 当锅内汤汁约剩下一半时，放入冬笋块，加入精盐、生抽拌匀，继续煮10分钟，撇去浮沫，下入胡萝卜片稍煮，撒上蒜苗段调匀，出锅装碗即可。

食材宝典

水鸭

♥ 水鸭又名蚬鸭，学名叫绿头鸭，古代称为野鸭、晨鸭等，主要生活在河湖芦苇丛中，以吃鱼虾贝类为主，故有蚬鸭之名。水鸭肉含有比较丰富的蛋白质、脂肪、碳水化物、钙、铁、磷、硫胺素、核黄素等，有温中益气、滋肝养气，补阴虚，补而不燥。食用可以强身健体，且有很高的药用价值。

健脾开胃, 滋阴且补血

虫草花炖水鸭

<鸭肉软嫩, 清香味美>

原料

水鸭1只 (约1000克), 猪瘦肉150克, 虫草花25克。
姜块25克, 精盐2小匙, 味精少许, 料酒1大匙。

靓汤功效

本款靓汤具有健脾开胃、补虚润肺的效果, 适用于脾胃虚弱、食欲不振、营养不良等症。健康人经常饮用更能精力旺盛。

做法

1 将水鸭宰杀, 把鸭毛浸湿, 再用热水浸烫后去掉鸭毛, 剖开鸭腹后去掉内脏和杂质, 用清水漂洗干净, 沥净水分, 剁成大块。

2 虫草花用温水浸泡30分钟, 再换清水洗净; 姜块去皮, 洗净, 切成小片。

3 净锅置火上, 加入清水和料酒煮沸, 下入水鸭块焯烫一下, 捞出, 换清水洗去血污, 沥净水分。

4 将猪肉洗净, 去掉筋膜, 切成小块, 放入沸水锅内焯2分钟, 捞出沥水。

5 取砂煲, 加入适量清水煮沸, 放入水鸭块、猪肉块和虫草花, 用旺火煮沸, 再改用小火煲2小时, 加入精盐、味精调好口味, 出锅装碗即可。

水鸭在炖制前应先将鸭尾端两侧的臊豆去掉, 并要用沸水煮几分钟以去掉血污; 炖制时要盖严锅盖, 只有这样炖好的水鸭才没有臊腥味, 且汤浓味美。

水鸭宰杀后由于绒毛较密, 且毛中含有油脂, 不易于拔除。可先用冷水将鸭毛浸湿, 然后在热水里加入少许精盐, 再用热水烫鸭毛, 就可以容易拔除。但需要注意的是烫水鸭的热水不要烧沸, 烧到水面起小泡就可以了。

小贴士

茯苓老鸭汤

除湿解毒，祛风又通络

〈鸭肉清香，味美适口〉

原料

老鸭半只，红枣50克，茯苓20克，陈皮10克。姜块15克，精盐2小匙，植物油适量。

靓汤功效

本款靓汤具有除湿解毒，祛风通络之功效，主治喉痹、痈疽恶疮、筋骨挛痛、水肿、淋浊、泄泻、脚气、湿疹疥癣、汞中毒等症。

做法

1 老鸭收拾干净，洗净血污，剁成大小均匀的块，放入清水锅内焯烫一下，捞出，沥净水分。

2 茯苓用清水洗净，沥净水分，削去外皮，切成小丁；陈皮用清水泡软，用刀刮去内膜；红枣去掉枣核，取净枣肉；姜块去皮，洗净，切成大片。

3 净锅置火上，加入植物油烧至六成热，下入姜片爆香，放入老鸭块，用旺火煸炒至鸭肉出油，取出鸭块。

4 汤煲中放入煸过的鸭块，下入茯苓、红枣、陈皮和姜片，加入清水，用旺火煮沸，撇去浮沫，再转小火煲约2小时，关火后加入精盐调好口味，出锅装碗即可。

原料

水鸭半只（约500克），
红枣50克，香菇25克，
陈皮10克。
姜块25克，精盐2小匙，
料酒2大匙，米酒1大匙，
植物油适量。

靓汤功效

本款靓汤具有温中益气、滋肝养气、补阴虚的效果，对于病后虚弱、食欲不振有很好的食疗功效。

做法

1 将水鸭用淡精盐水浸泡并洗净，捞出沥水，剁成大块，加入料酒拌匀。

2 将陈皮洗净，用清水稍泡至软，刮去内瓤；红枣洗净，去掉枣核，留净枣肉；姜块去皮，切成大片；香菇用清水浸泡至发涨，洗净，切成小块。

3 净锅置火上，加入清水烧沸，下入水鸭块焯煮5分钟，捞出，换冷水过凉，沥干水分。

4 净锅置火上，加入植物油烧至六成热，下入姜片炒香出味，添入适量清水，加入米酒，放入水鸭块、红枣、陈皮和香菇调匀。

5 先用旺火煮10分钟，再转小火煲1小时至熟香，加入精盐调味，出锅装碗即可。

温中益气，滋肝又养气

红枣陈皮炖水鸭

〈色泽美观，咸鲜味美〉

原料

樱桃谷鸭半只,木瓜1个,猪排200克,红枣(去核)25克。

大葱、姜块各15克,精盐2小匙,料酒1大匙,植物油适量。

靓汤功效

本款靓汤具有补虚劳、滋五脏、补血行水、养胃生津、清热健脾等功效,对身体虚弱、病后体虚、营养不良性水肿有比较好的效果。

做法

1 将樱桃谷鸭收拾干净,用清水洗净,沥净水分,剁成大小均匀的块;猪排洗净血污,剁成大块。

2 木瓜切成两半,去掉瓜瓤,切成大块;姜块去皮,切成片;大葱取葱白,切成小段。

3 净锅置火上,加入清水、少许葱白段、姜片烧沸,下入鸭块、猪排煮5分钟,捞出,用冷水冲洗干净,沥干。

4 净锅复置火上,加入植物油烧热,下入葱白段、姜片、鸭肉块和猪排块煸炒出香味,加入适量清水、料酒烧沸,转小火煮约60分钟。

5 放入木瓜块、红枣,盖上锅盖,继续小火焖煮20分钟,加入精盐调匀,出锅装碗即可。

木瓜猪排樱桃鸭

补血行水,养胃又生津

〈鸭肉软嫩,咸鲜清香〉

养胃生津，清热又健脾

杏仁桂圆老鸭煲 ⟨皮糯肉耙，汤鲜味美⟩

原料

老鸭750克，桂圆50克，杏仁、百合各25克，枸杞子15克。
精盐适量。

靓汤功效

本款靓汤具有养胃生津、清热健脾、虚弱水肿之功效。适合体内有热、发低热、体质虚弱、食欲不振、大便干燥者经常食用。

做法

1 将老鸭用清水洗净，去除内脏、鸭头、鸭尾等，再剁成3厘米大小的块。

2 桂圆剥去外壳，去掉果核，取净桂圆果肉；杏仁去皮，洗净；百合去掉根蒂，取百合瓣，用淡盐水浸泡并洗净，取出，沥净水分。

3 锅中加入清水，用旺火煮沸，放入鸭块焯烫3分钟，捞出，用清水冲净鸭块表面的浮沫。

4 净锅复置火上，加入适量清水，放入鸭块、桂圆肉、百合瓣和枸杞子调匀。

5 先用旺火煮沸，撇去浮沫，盖上锅盖，改用中小火煲约2小时，加入精盐调好口味，出锅装碗即可。

养胃理气，养颜且补血

野鸭炖竹笋

<肉嫩笋香，咸鲜适口>

原料

野鸭1只，竹笋250克，红枣50克。
姜块15克，精盐2小匙，鸡精、胡椒粉各少许，米醋、甜酒各2大匙，香油1小匙，植物油适量。

靓汤功效

本款靓汤具有滋阴润燥、养胃理气、养颜补血的功效，常饮能改善虚劳羸弱、阴虚火旺的体质，给身体以恰到好处的滋补。

做法

1 将野鸭去净绒毛，剁去鸭爪、鸭尖，去掉内脏和杂质，用淡盐水浸泡并洗净血污，剁成大块，加入米醋拌匀，腌渍20分钟。

2 净锅置火上，加入清水，放入鸭块焯煮5分钟，捞出野鸭块，换清水漂净，沥净水分。

3 将竹笋剥去外壳，削去皮，切成大块，放入清水锅内煮5分钟，捞出；姜块去皮，切成大片。

4 汤锅置火上，加入植物油烧至七成热，下入野鸭块煸炒5分钟至变色、出油。

5 再加入甜酒继续炒1分钟，下入姜片稍炒，加入竹笋、红枣煸炒片刻，放入适量清水煮沸。

6 用中小火煲约60分钟至熟香，加入精盐、鸡精、胡椒粉调好口味，淋入香油，离火出锅即成。

　　鸭子，尤其是野鸭，如果处理不好，成品容易有腥味。我们可以把切成大块的鸭肉加入米醋拌匀，腌制约20分钟，这样处理后煲出来的鸭肉没有腥味。

　　一只竹笋由于部位的鲜嫩程度不同，故烹调方法也应有所区别，如竹笋的顶部较嫩，宜用来炒食；中部可切成笋片，供单烧或与其他原料配合；根部质地较老，用于煮、煨或制汤。

小贴士

食材宝典

竹笋

♥ 竹笋为多年生常绿木本植物竹科的可食用的嫩芽。竹笋原产我国，盛产于热带、亚热带和温带地区，我国是世界上产竹最多的国家之一。竹笋含有比较丰富的蛋白质、脂肪、碳水化合物、钙、铁、磷、胡萝卜素等营养素，有清热化痰、消食下气等功效。

润泽心肺,延缓衰老有效果

人参红枣老鸭汤 <色泽淡雅，咸鲜味美>

原　料

老鸭1只(约1000克),
鲜人参50克, 红枣30
克, 枸杞子15克。
生姜片25克, 精盐2小
匙, 胡椒粉1/2小匙, 植
物油1大匙。

靓汤功效

　　本款靓汤具有补中
益气、润泽心肺、延缓
衰老、缓和情绪、抑制血
糖、调节血压等效果,最
适宜工作压力大、个性
紧张敏感者食用。

做　法

1 将老鸭宰杀, 用温水浸泡, 再换热水烫净绒毛, 剁去鸭爪、鸭尖, 去掉内脏和杂质, 用淡盐水浸泡并洗净血污, 剁成大块。

2 净锅置火上, 加入清水烧沸, 下入老鸭块焯煮5分钟, 捞出老鸭块, 换清水漂净, 沥净水分。

3 鲜人参洗净, 沥净水分; 红枣去除枣核, 取净红枣肉; 枸杞子洗净。

4 净锅置火上, 加入植物油烧热, 下入生姜片稍炒, 下入老鸭块煸炒几分钟。

5 再放入人参、红枣、枸杞子, 加入适量清水调匀, 用小火煮至鸭块熟香, 加入精盐、胡椒粉调好汤汁口味, 离火出锅, 装碗上桌即可。

开胃提神，帮助消化有疗效

鸭头酸菜芡实煲 <肉质细嫩，清脆爽口>

原 料

带脖鸭头400克，酸菜100克，芡实50克，枸杞子10克。
葱段、姜块各15克，精盐适量。

靓汤功效

本款靓汤具有开胃提神、帮助消化、养胃生津、醒酒解腻的功效，对预防肠道疾病有非常好的食疗效果。

做 法

1 将带脖鸭头去掉淋巴，用清水浸泡并洗净，捞出沥水，再将鸭头与脖子切开；芡实去掉杂质，用清水淘洗干净并浸泡4小时。

2 净锅置火上，加入清水、葱段、姜块煮沸，放入鸭头、鸭脖焯烫3分，捞出，用冷水冲洗干净，去除血水、腥味，擦干水分。

3 将酸菜去除菜根和老叶，用淡盐水浸泡10分钟，再换清水洗净，攥干水分，切成小块。

4 将鸭头、鸭脖、芡实、酸菜和枸杞子放入炖盅内，加入适量温水淹没鸭头，盖上炖盅盖，放入蒸锅内用旺火蒸2小时，加入精盐调好口味，出锅即成。

润肤祛斑, 补血又养颜

金针菜炖鸭煲 <鲜嫩清香，味美可口>

原料

半片鸭1个, 猪排200克, 金针菜50克, 枸杞子15克。
精盐适量。

靓汤功效

本款靓汤具有安神助眠、润肤祛斑、补血养颜的食疗效果, 适宜注意力不集中、记忆力减退、脑动脉阻塞等症者经常食用。

做法

1 半片鸭洗净, 剁成大块; 猪排洗净血污, 剁成大小均匀的块; 金针菜用温水浸泡至涨发, 去掉蒂, 再换清水洗净; 枸杞子洗净。

2 净锅置火上, 加入清水煮沸, 放入鸭块、猪排块焯烫5分钟, 捞出, 换清水洗净, 沥净水分。

3 将鸭块、猪排块、金针菜、枸杞子放入汤锅中, 加入适量烧沸, 盖上盖, 用小火煲2小时, 加入精盐调味即成。

食材宝典

 金针菜

♥ 金针菜是特别受人们喜爱的一种传统蔬菜。因其花瓣肥厚, 色泽金黄, 香味浓郁, 食之清香, 鲜嫩, 爽滑, 营养价值高, 被视作"席上珍品"。

花胶老鸭汤

补中益气，滋阴又养颜

〈老鸭软嫩，清香味浓〉

原料

老鸭半只（约400克），淮山50克，花胶25克，枸杞子15克。
姜块15克，精盐2小匙，胡椒粉少许，植物油1大匙。

靓汤功效

　　本款靓汤具有滋阴美颜、补中益气、旺血养血、开胃消食之功效，特别适宜滑精遗精、带下者经常食用。

做法

1　老鸭收拾干净，用清水洗净血污，沥净水分，剁成大小均匀的块，放入清水锅内焯烫一下，捞出鸭块，用清水洗净，沥干水分。

2　将花胶用清水浸泡至发透，换清水洗净，放入小碗内，加入少许清水，上屉用旺火蒸10分钟，取出，切成丝；淮山、枸杞子用清水洗净。

3　汤锅置火上，加入植物油烧至六成热，下入姜块煸炒出香味，放入老鸭块煸炒5分钟，加入适量沸水调匀，用旺火烧沸。

4　再放入花胶丝、淮山、枸杞子，盖上锅盖，转小火煮约2小时，加入精盐、胡椒粉调好汤汁口味，出锅装碗即可。

♥ 鸽子为鸟纲鸽形目鸠鸽科鸽属，被认为是最早驯化的鸟类之一。公元前3000年左右的埃及菜谱上有关于鸽子烹调的记载。鸽子经过长期的人工选育，现在约有300多个品种，按用途可分为肉用、通信用和观赏用3种类型，其中肉用鸽又称乳鸽，是指4周龄左右专供食用的鸽子品种，其特点是生长快，肉质好。

安神定志，滋补强身效果佳

沙参乳鸽煲猪肚

<营养丰富，滑嫩浓鲜>

原 料

乳鸽1只（约300克），猪肚250克，沙参25克，枸杞子15克。

葱段、姜块各25克，精盐、味精各少许，米醋1大匙，淀粉2大匙，植物油适量。

靓汤功效

本款靓汤具有大补元气、固脱生津、安神定志、滋补强身的功效，尤其适用于男性房事过度、心悸失眠、肢软乏力等症。

做 法

1 乳鸽宰杀，去掉鸽毛、内脏，剁去爪，用清水洗净血污，沥净水分，放入清水锅内焯烫几分钟，捞出乳鸽，换冷水过凉，沥净水分。

2 猪肚去掉白色油脂和杂质，放在容器内，加入米醋、淀粉揉搓均匀以去掉腥膻气味，再换清水漂洗干净；沥净水分；沙参、枸杞子分别洗净。

3 净锅置火上，加入清水、葱段、少许姜块烧沸，下入猪肚用小火煮约30分钟，捞出猪肚，用冷水过凉，沥净水分，切成大块。

4 汤锅置火上烧热，下入植物油烧至六成热，放入姜块炝锅出香味，添入适量清水烧沸。

5 撇去浮沫，放入乳鸽、猪肚、沙参、枸杞子调匀，盖上汤锅盖，用中小火煲约2小时，再加入精盐、味精调好汤汁口味，出锅装碗即可。

沙参乳鸽煲猪肚是一道营养丰富的美味靓汤，制作时需要注意不要加入花椒、八角、辣椒等辛香料，因为煲这种方法要突出食材的本味，而乳鸽本身带有鲜味成分。煲制时只要加入葱姜、精盐、料酒等煲煮乳鸽，味道就很鲜美了，但如果下入花椒、八角等，就掩盖了乳鸽本身的鲜味，效果反倒不佳。

小贴士

淮参炖乳鸽

益胃补肾，强壮筋骨

〈乳鸽软嫩，汤汁鲜香〉

原料

乳鸽1只，淮山50克，人参40克。
生姜1块（约25克），精盐2小匙。

靓汤功效

本款靓汤具有健脾补肺、益胃补肾、强筋骨的功效，适宜脾胃虚弱、倦怠无力、食欲缺乏、久泄久痢、肺气虚燥者经常食用。

做法

1 乳鸽宰杀，烫去绒毛，去掉鸽爪，剖开鸽腹，去掉内脏和杂质，放入清水中漂洗干净，再放入沸水锅内焯煮5分钟，捞出乳鸽，沥净水分。

2 鲜淮山洗净，沥净水分，去皮，切成大片；人参洗净，用水浸泡30分钟；生姜去皮，切成大片。

3 将乳鸽、淮山、人参、姜片放入汤煲中，加入适量清水，用旺火煮沸，转小火煲2小时，加入精盐调好口味即成。

药料宝典

人参

♥ 人参又称山参、园参、黄参、玉精，具有补气固脱、健脾益肺、宁心益智、养血生津的功效。

原 料

净乳鸽1只,珍珠马蹄75克。
精盐适量。

靓汤功效

　　本款靓汤具有生津润肺、化痰利肠、通淋利尿、消痈解毒、凉血化湿的功效,适宜热病消渴、黄疸、目赤、咽喉肿痛者食用。

做 法

1 将净乳鸽收拾干净,洗净血污,剁成2厘米大小的块,放入沸水锅内焯烫一下,捞出乳鸽块,换清水漂洗干净,沥净水分。

2 珍珠马蹄洗净,削去外皮,放在淡盐水中浸泡10分钟,捞出珍珠马蹄,沥净水分。

3 将乳鸽块、珍珠马蹄放在炖盅内,加入清水,盖上炖盅盖,上屉用旺火隔水炖1小时,加入精盐调好口味即成。

> 　　珍珠马蹄因其小巧玲珑,肉质晶莹剔透,形似珍珠而得名。珍珠马蹄与普通马蹄的最大不同就是口感和个头大小,个头只有马蹄1/3大小,口感爽脆、粉糯而有韧性,清新香甜。 **小贴士**

化痰利肠,生津又润肺

珍珠马蹄乳鸽汤

〈色泽淡雅,肉嫩鸽香〉

原料

乳鸽1只,熟地黄25克,党参20克,南杏仁10克,川贝母5克。
生姜25克,精盐2小匙,胡椒粉少许,植物油1大匙。

靓汤功效

　　本款靓汤具有润肺止渴,养胃生津的功效,适用于肺虚燥咳,胃燥津伤,口干口渴,暑热烦渴,大便燥结及慢性气管炎、咽炎等症。

做法

1 将乳鸽宰杀,去净绒毛,去掉杂质,洗净内脏,剁成大小均匀的块。

2 净锅置火上,加入清水烧沸,下入乳鸽焯煮几分钟,捞出,用冷水过凉,沥净水分。

3 将南杏仁用热水浸泡,剥去外膜;党参、熟地黄、川贝母洗净,浸泡片刻;生姜去皮,切成小片。

4 净锅置火上,加入植物油烧热,下入生姜片稍炒,再放上乳鸽块煸炒几分钟。

5 然后放入党参、熟地黄、川贝母,加入适量清水调匀,用小火炖至熟香,加入精盐、胡椒粉调好汤汁口味,离火出锅,装碗上桌即可。

南杏参地乳鸽汤

养胃生津,润肺且止渴

〈乳鸽软嫩,汤汁清鲜〉

补中益气, 健脑又补血

红枣桂圆炖鹌鹑 <鹌鹑软嫩，清香味美>

原 料

鹌鹑2只, 鲜红枣50克, 桂圆40克。

葱段、姜片各15克, 精盐、胡椒粉各适量, 料酒1大匙, 清汤1000克。

靓汤功效

本款靓汤具有补中益气、清利湿热之功效, 主治水肿、肥胖型高血压、糖尿病、贫血、胃病、肝硬化、腹水等多种疾病。

做 法

1 将鹌鹑宰杀后沥净血水, 用热水烫透, 去毛, 由背部剖开, 挖去内脏, 洗净后沥干水分, 剁成小块。

2 净锅置火上, 加入清水烧沸, 下入鹌鹑块焯烫一下, 捞出, 用冷水过凉, 沥干水分。

3 将鲜红枣洗净, 去掉果核, 取净红枣果肉; 桂圆剥去外壳, 去掉果核。

4 将鹌鹑块放入砂锅内, 加入红枣和桂圆肉, 添入清汤, 加入料酒、姜片和葱段, 用旺火烧沸, 转小火煲1小时。

5 取出葱姜不用, 加入精盐、胡椒粉调好汤汁口味, 离火上桌即成。

冬瓜绿豆鹌鹑汤

生津除烦，清热又消暑

〈色泽淡雅，软嫩清香〉

原料

鹌鹑2只（约750克），冬瓜400克，绿豆30克，蜜枣15克。
葱段、姜片各15克，精盐、植物油各少许。

靓汤功效

本款靓汤具有清热消暑、利水消炎、生津除烦等食疗功效，特别适宜口渴心烦、咽痛口干、热痱、湿疹、疮痈频生者饮用。

做法

1 鹌鹑宰杀，烫去毛，去掉内脏，用清水浸泡，清洗血污，每只鹌鹑剁成两半；绿豆去掉杂质，用清水浸泡几小时，再换清水淘洗干净。

2 净锅置火上，加入清水煮沸，下入鹌鹑焯烫5分钟，捞出鹌鹑，用冷水过凉、沥水。

3 冬瓜去根，洗净，擦净水分，切开后去掉瓜瓤，连皮切成块状；蜜枣洗净。

4 砂锅置火上，加入植物油烧热，下入葱段、姜片炒出香味，下入鹌鹑块翻炒均匀。

5 倒入清水，下入冬瓜块、绿豆、蜜枣，旺火煮沸，改用小火煲约2小时，加上精盐调好口味，出锅装碗即成。

原 料

鹌鹑600克, 虫草花25克, 南杏仁、北杏仁各20克, 蜜枣15克。
精盐适量。

靓汤功效

　　本款靓汤有温肺固肾、滋养补虚、止咳平喘之功效, 特别适宜由于肺肾不足引起的咳嗽、气促者食用。

做 法

1 鹌鹑宰杀、去毛, 去掉内脏, 用清水浸泡, 清洗血污, 放入清水锅内焯烫几分钟, 捞出鹌鹑, 放入冷水中过凉, 沥净水分。

2 虫草花用清水浸泡, 洗净、沥水; 南杏仁、北杏仁洗净, 剥去内膜; 蜜枣洗净。

3 将鹌鹑、虫草花、南杏仁、北杏仁和蜜枣放入炖盅内, 注入适量冷开水, 隔水炖约2小时, 加入精盐调好口味, 出锅即可。

药料宝典

鹌鹑

♥ 鹌鹑肉是典型的高蛋白、低脂肪、低胆固醇食材, 特别适合中老年人以及高血压、肥胖症患者食用。

温肺固肾, 平喘又止咳

虫草花鹌鹑汤

〈色泽美观, 浓鲜适口〉

沙参玉竹鹌鹑煲

消除眩晕，健脑又养神

〈清嫩爽滑，味道鲜香〉

原料

鹌鹑500克，沙参40克，玉竹15克。
老姜15克，精盐适量，清汤1000克。

靓汤功效

本款靓汤具有消除眩晕、健忘症状，提高智力，健脑养神等功效，适宜肝肾不足、精血亏虚、腰膝酸软、眩晕健忘者食用。

做法

1 鹌鹑收拾干净，用清水洗净血污，每只鹌鹑剁成4块，放入沸水锅内焯烫2分钟，捞出鹌鹑块，换清水洗净浮沫和杂质，沥净水分。

2 玉竹用温水浸泡至涨发，捞出，切成片；沙参用清水浸泡，再换清水洗净；老姜去皮，切成片。

3 将鹌鹑块、玉竹、沙参、姜片放入汤煲内，加入适量清汤烧沸，改用小火炖1小时，加入精盐调好口味即成。

鹌鹑入肴，既可整只烹制，又可剁成大块，采用烧、卤、炸、煮、焖、蒸等烹调方法。鹌鹑脯肉细嫩鲜香，可切成片、丝、丁或剞上花纹，采用爆、炒、炸、煎等方法制作菜肴。 小贴士

阿生
老火滋补靓汤

PART 3

畜肉

（蛋白质、脂肪强壮体魄）

润肺清心, 开胃又补脾

茶树菇煲猪展

<口味浓郁, 鲜香四溢>

原 料

猪展400克, 春笋75克, 茶树菇50克, 蘑菇25克。
大葱、姜块各25克, 精盐适量, 矿泉水750克。

靓汤功效

本款靓汤具有润肺清心、生津开胃、和脾利水的功效, 经常食用, 可增强人体抵抗力, 对抗外来病菌的侵袭, 帮助消化和降低血压。

做 法

1 将猪展洗净血污, 沥净水分, 切成大块, 放入清水锅内, 用旺火煮沸, 焯煮5分钟, 取出猪展块, 用冷水过凉, 洗净杂质, 沥净水分。

2 将茶树菇、蘑菇洗净, 放入容器内, 加入适量温水涨发, 捞出茶树菇、蘑菇; 浸泡茶树菇、蘑菇的汤汁用纱布过滤去掉杂质, 取净蘑菇水备用。

3 春笋剥去外层硬壳, 切去老根, 用刀背拍松后切成段; 大葱洗净, 切成段; 姜块洗净, 用刀拍散。

4 将泡发过滤后的蘑菇水倒入砂锅中, 再倒入矿泉水, 置旺火上煮沸, 放入猪展块、葱段、姜块、茶树菇、蘑菇和春笋段调匀。

5 盖上砂锅盖, 转小火炖3小时, 加入精盐调好口味, 继续炖20分钟, 离火上桌即成。

猪展肉就是猪的小腿肉, 其含脂肪较少, 用来煲制靓汤较清, 家庭如果猪展不易购买, 也可以用其他猪瘦肉代替。

这道老火汤在制作时加入浸泡茶树菇的汁水, 再加入天然矿泉水, 不仅口味清香, 而且可以补充矿物质与微量元素, 同时矿泉水中的微量元素可以与汤汁中的食材起到很好的营养互补作用。 小贴士

药料宝典

茶树菇

♥ 茶树菇又名柱状田头菇、杨树菇、茶薪菇、柱状环锈伞、柳松茸等,是担子菌亚门,担子纲、蘑菇菌目、粪伞科、田头菇属。茶树菇盖嫩柄脆,味纯清香,口感极佳,可烹制成各种美味佳肴,其营养价值超过香菇等其他食用菌,属高档食用菌类。

清热生津，消肿又祛暑

冬瓜薏米瘦肉汤

＜肉香瓜糯　清鲜味美＞

原料

猪瘦肉300克，冬瓜250克，薏米50克。
姜片10克，精盐适量，植物油1大匙。

靓汤功效

本款靓汤具有清热生津、利尿消肿、消肿祛暑之功效，适宜暑热痰多、消化不良、中暑头晕者经常食用。

做法

1 将猪瘦肉去掉筋膜，洗净血污，切成大小均匀的块，放入沸水锅内焯烫3分钟，捞出猪肉块，换清水过凉并且洗净浮沫，沥净水分。

2 将冬瓜去蒂，洗净，切开后去掉冬瓜瓤，切成块状；薏米洗净，用清水浸泡2小时。

3 净锅置火上，加入植物油烧至六成热，下入姜片炝锅出香味，下入猪肉块稍炒几分钟。

4 添入适量清水，用旺火煮沸，撇去浮沫和杂质，加入冬瓜块、薏米，盖上锅盖，改用小火煮约2小时，加入精盐调好汤汁口味，出锅装碗即可。

补充营养，增强抵抗力

南北杏煲猪蹄 ⟨猪蹄软嫩，鲜咸汤浓⟩

原料

猪蹄1个(约150克)，猪瘦肉150克，南杏仁、北杏仁各25克。
老姜1块，精盐适量。

靓汤功效

本款靓汤具有保健脾胃、帮助排泄、补充营养、增强抵抗力的效果，适宜四肢疲乏、腿部抽筋、消化道出血、失血性休克者食用。

做法

1 猪蹄洗净血污，用镊子择去绒毛，先顺长切成两半，再剁成大块，用刀背敲裂；猪瘦肉洗净，沥净水分，切成大小均匀的块。

2 净锅置火上，加入清水、猪蹄块、猪肉块焯烫5分钟，捞出，换冷水过凉，沥净水分。

3 南杏仁、北杏仁用温水浸泡，去掉膜，再换清水洗净；老姜块洗净，用刀背拍松碎。

4 将猪蹄块、猪肉块、老姜块、南杏仁、北杏仁全部放入汤煲内，加入适量清水，先用旺火煮沸，再改用小火煲约2小时，加入精盐调好口味即成。

阿生 Asheng 老火滋补靓汤

健胃益气，养颜又美容

排骨煲瓜豆 <色泽美观，清香味美>

原料

排骨300克，苦瓜150克，黄豆50克。
姜片15克，精盐、料酒、淀粉、植物油各适量。

靓汤功效

本款靓汤具有健胃益气、和血化痰、去毒养颜的功效，适合于病后体虚、气血不足、阴津亏损、咳嗽气喘者食用。

做法

1 将排骨洗净血污，剁成大块，加入少许精盐、料酒和淀粉拌匀，腌渍10分钟。

2 将黄豆用清水浸泡2小时；苦瓜切成两半，去掉瓜瓤，切成长条。

3 砂锅置火上，用小火烧热，加入植物油，放入姜片爆炒出香味，再下入排骨块翻炒至变色，加入泡好的黄豆翻炒均匀。

4 添入适量清水，盖上砂锅盖，用小火煮约1小时至排骨、黄豆酥软入味，放入苦瓜，继续用小火煮30分钟，加入精盐调好口味，离火上桌即成。

猪腰肉排白果汤

益肾补脾，滋阴又润燥

〈色泽美观，清香美味〉

原 料

猪排骨400克，猪腰150克，鸡爪100克，白果50克，薏米30克，枸杞子少许。

姜片15克，精盐、胡椒粉各适量。

靓汤功效

本款靓汤具有益肾、补脾、固精、滋阴、润燥等功效，能辅助治疗脾肾两虚、精关不固、遗精早泄、腰膝酸软、神疲乏力、头晕目眩等症。

做 法

1 猪排骨洗净血污，剁成大块，放入沸水锅内焯烫一下，捞出，用冷水洗净浮沫，沥净水分。

2 猪腰剥去外膜，片开成两半，去掉中间白色腰臊，洗净血污，切成大片；鸡爪剁去爪尖，剥去黄皮，用清水洗净，沥净水分。

3 白果剥去外壳，去掉胚芽，放入沸水锅内焯烫一下，捞出沥水；薏米用清水浸泡2小时。

4 汤锅置火上，放入猪排骨、猪腰片、鸡爪、薏米、姜片和清水煮沸，改用小火煮约1小时。

5 再放入白果、枸杞子，继续用小火煮1小时，加入精盐、胡椒粉调好口味，出锅装碗即可。

139

药料宝典

猪排骨

♥ 猪排骨有很高的营养价值，除含有蛋白质、脂肪、多种维生素外，还含有大量磷酸钙、骨胶原、骨粘蛋白等，可为幼儿和老人提供钙质，具有滋阴润燥、益精补血的功效。另外猪排骨从营养价值角度讲，骨中的硬骨（其中的骨髓）营养价值大、而软骨营养价值小；从食用价值角度讲，软骨食用价值高，而硬骨食用价值较低。

补血强身，滋补营养效果佳

冬瓜香菇肉排汤

<肉排软嫩，瓜菇清香>

原料

猪排骨500克，冬瓜250克，冬菇50克。
大葱25克，姜块15克，精盐2小匙，味精1/2小匙，植物油2大匙。

靓汤功效

本款靓汤具有健胃、益气、和血、化痰、去毒、补血等功效，适于病后体虚、气血不足、阴津亏损、咳嗽气喘者经常食用。

做法

1 猪排骨顺骨缝切成长条，再横剁成均匀的大块，用清水洗净，沥净水分；大葱去根和老叶，取葱白，切成段；姜块去皮，切成片。

2 净锅置火上，加入冷水，下入排骨块煮沸，捞出排骨块，用冷水冲去浮沫，沥净水分。

3 香菇用温水浸泡至发涨，取出，去蒂；冬瓜洗净，切开，去掉冬瓜瓤，带皮切成大块。

4 净锅置火上，加入植物油烧至六成热，下入姜片、葱白段煸炒出香味，再下入排骨块，用旺火煸炒5分钟。

5 烹入料酒，加入适量清水煮沸，放入香菇，盖上锅盖，转小火煮60分钟。

6 再放入冬瓜块，继续用小火煮30分钟，加入精盐、味精调好口味，出锅装碗即成。

家庭在制作肉排汤或者骨头汤时，可在烧沸的汤锅内加入少许米醋，可以使骨头中的磷、钙等矿物质溶解在靓汤内，这样做出来的靓汤味道既鲜美，又便于肠胃吸收。

中医认为冬瓜皮性寒味甘，有比较好的利尿作用，主要用于治疗各种水肿。在用冬瓜皮煮制靓汤时需要注意，冬瓜皮性寒，常配用一些陈皮、姜片等以防其寒。

小贴士

百合苹果脊骨汤

滋补肾阴，养颜又美容

〈色泽淡雅，软嫩鲜咸〉

原料

猪脊骨750克，鲜百合100克，苹果75克。精盐适量。

靓汤功效

本款靓汤具有滋补肾阴、填补精髓、养颜美容等功效，适宜肾虚耳鸣、腰膝酸软、烦热、贫血者食用。

做法

1 将猪脊骨洗净，剁成大块，放入清水锅内，煮沸后焯烫2分钟，捞出猪脊骨，用冷水冲净杂质，沥净水分。

2 鲜百合去根，掰取百合嫩瓣，用淡盐水浸泡并洗净，取出，沥净水分；苹果洗净，切开成两半，去掉果核，再切成大块。

3 将猪脊骨、百合、苹果块放入砂煲内，加入清水煮沸，再改用小火煮90分钟，加入精盐调好口味即成。

家庭在制作脊骨靓汤时，夏季可放入些海带，秋冬季可放些莲藕或萝卜，一则可使脊骨汤喝起来不油腻，二则可使汤汁味道更加鲜美。

小贴士

原料

猪排骨500克, 水发海蜇150克, 马蹄50克, 红枣25克, 枸杞子少许。葱段、姜片各15克, 精盐少许。

靓汤功效

本款靓汤具有清热生津、补阴益髓的功效, 能辅助治疗邪热伤胃、口燥咽干、大便秘结、肺热咳嗽等症。

做法

1 将猪排骨洗净血污, 剁成大小均匀的块, 放入清水锅内, 加入少许葱段、姜片煮沸, 焯烫3分钟, 捞出排骨块, 用冷水冲净, 沥净水分。

2 水发海蜇去掉黑膜, 用清水浸泡以去掉部分盐分, 捞出海蜇, 沥干水分, 切成大片。

3 马蹄洗净, 削去外皮, 每个切成两半; 红枣去掉果核, 取净红枣肉; 枸杞子洗净。

4 汤锅置火上, 放入排骨块、姜片、马蹄、红枣和适量清水, 先用旺火煮沸, 再改小火煮60分钟。

5 然后放入水发海蜇皮、枸杞子, 继续煮20分钟, 加入精盐调好口味, 出锅装碗即成。

清热生津, 补阴且益髓

海蜇马蹄煲排骨

〈口味清香, 味美适口〉

原料

猪排骨400克，老黄瓜250克，扁豆50克，麦冬30克，蜜枣15克。
精盐适量。

靓汤功效

本款靓汤具有润肠通便、减肥轻身、滋阴降火、清热利咽、清心润肺之功效，适宜尿少尿黄、咽喉肿痛、烦躁易怒、烟酒过多者食用。

做 法

1 猪排骨用清水洗净杂质和血污，擦净表面水分，剁成大小均匀的块，放入清水锅内焯烫一下，捞出排骨块，换清水洗净，沥干水分。

2 老黄瓜削去外皮，顺长切开，去掉黄瓜瓤，用清水洗净，切成小段；麦冬、蜜枣分别洗净。

3 扁豆洗净，撕去豆筋，切成小段，放入沸水锅内焯烫一下，捞出，用冷水过凉，沥干水分。

4 汤锅置火上，加入适量清水煮沸，放入排骨块、老黄瓜、扁豆、麦冬和蜜枣调匀，再沸后改用小火煲约2小时，加入精盐调好口味，出锅装碗即成。

老黄瓜排骨煲

润肠通便，减肥又轻身

〈排骨软嫩，汤汁鲜香〉

强身益体,可使肌肤光泽

玉米煲龙骨

<三色相映,软滑嫩鲜>

原 料

猪龙骨500克,玉米200克,胡萝卜150克。
姜块15克,精盐适量。

靓汤功效

本款靓汤具有通利小便、消除水肿、滋阴润燥的效果,经常食用可强身健体,肌肤光泽健美。

做 法

1 猪龙骨洗净,剁成大块,放入沸水锅内焯烫以去掉血污,捞出龙骨块,换清水洗净浮沫,沥净水分;胡萝卜去根,削去外皮,切成滚刀块。

2 玉米剥去外膜,用清水洗净,剁成大块;姜块去皮,切成小片。

3 将龙骨块、玉米块、胡萝卜、姜片放入砂煲内,加入清水烧沸,转小火煲2小时,再加入精盐调好口味即成。

猪龙骨就是猪的脊背,其肉瘦、脂肪少,含有大量骨髓,在制作靓汤时,柔软多脂的骨髓就会释出,汤汁也会更加鲜美。

小贴士

预防高血压,健胸又丰乳

花生玉米脊骨汤

<色泽美观，浓鲜味美>

原 料

猪脊骨500克, 玉米200克, 花生75克, 枸杞子15克。

姜片25克, 葱段15克, 精盐、胡椒粉各适量, 料酒1大匙。

靓汤功效

本款靓汤具有降低血液胆固醇浓度并防止其沉积于血管壁的功效, 对于冠心病、动脉粥样硬化、高脂血症及高血压等都有一定的预防和食疗作用。

做 法

1 将猪脊骨洗净杂质和血污, 剁成大小均匀的块, 放入清水锅内, 放入少许姜片焯烫5分钟, 捞出猪脊骨块, 换冷水洗净, 沥净水分。

2 将玉米剥去外层叶子, 用清水浸泡并洗净, 捞出玉米, 放入清水锅内煮10分钟, 取出玉米, 擦净水分, 剁成3厘米大小的块。

3 花生带皮放入容器内, 加入适量温水浸泡30分钟, 取出; 枸杞子择洗干净。

4 砂煲置火上, 先用小火烧热, 加入清水, 放入猪脊骨块、葱段、姜片和料酒, 用旺火煮沸, 撇去汤汁表面的浮沫和杂质, 改用小火煲约1小时。

5 再放入玉米、花生、枸杞子, 继续用小火煲1小时, 然后加入精盐和胡椒粉调好汤汁口味, 离火上桌即成。

用砂煲煮靓汤时要先用小火将砂煲预热, 然后用旺火煮沸再转小火慢煮, 不能直接用旺火, 旺火很容易使砂煲破裂; 另外煲汤时水最好一次性加足, 如果没有加足中途需要加水也一定要加热水。

包覆玉米的外叶容易积存农药, 所以在煮制玉米前需要把玉米外叶去掉, 只留少许里面的叶子, 再放入清水中充分清洗干净, 以便将残留的农药去除。

小贴士

药料宝典

甜玉米

♥ 近几年来市场上出现了一些玉米新品种，其中甜玉米是一种糖分含量高、营养丰富的水果型玉米，生吃做水果，熟食做蔬菜，口感鲜脆适甜，皮薄无渣，清香爽口，带奶油风味，与普通玉米最大的不同在于，甜玉米营养均衡，含有多种对人体有益的维生素，具有比较独特的保健功能，而成为一种新兴的保健食材。

补脾和胃，益气又生津

栗米红参排骨汤

＜色泽美观，清香味美＞

原料

猪排骨400克，玉米200克，胡萝卜100克。
姜片25克，葱段10克，料酒1大匙，精盐、胡椒粉各适量。

靓汤功效

本款靓汤具有健脾益胃、补脾和胃、益气生津、防癌抗癌的功效，特别适宜脾胃不佳、倦怠厌食、肌肤暗淡者经常食用。

做法

1 猪排骨洗净血污，剁成4厘米大小的块，加入少许精盐和料酒拌匀，腌渍10分钟。

2 净锅置火上，加入葱段、姜片、清水和排骨块烧沸，焯烫几分钟，捞出排骨块，换清水洗净浮沫，沥净水分。

3 胡萝卜去根，削去外皮，切成大块；玉米剥去外叶，用清水洗净，放入清水锅内煮10分钟，捞出玉米，沥净水分，剁成大块。

4 汤锅置火上，加入清水、姜片和排骨块，先用旺火煮沸，改用小火煮约1小时。

5 再放入玉米块、胡萝卜块，继续用小火煮1小时，然后加入精盐、胡椒粉调好口味，出锅装碗即可。

滋补肾阴, 填补精髓

红枣莲藕煲骨汤 <排骨软嫩, 清香味浓>

原 料

猪排骨400克, 莲藕150克, 红枣25克。
姜片10克, 精盐2小匙, 料酒1大匙, 植物油适量。

靓汤功效

　　本款靓汤具有滋补肾阴、填补精髓的功效, 适宜肾虚耳鸣、腰膝酸软、阳痿、遗精、烦热、贫血者食用。

做 法

1 猪排骨洗净血污, 剁成大小均匀的块, 加入少许精盐和料酒拌匀, 腌渍10分钟, 再放入清水锅内焯烫 下, 捞出排骨块, 换清水洗净。

2 莲藕切去藕节, 削去外皮, 用淡盐水浸泡并洗净, 取出, 切成小块; 红枣去掉枣核, 取净红枣果肉。

3 净锅置火上, 加入植物油烧至六成热, 下入姜片、排骨块煸炒几分钟。

4 倒入适量清水, 先用旺火煮沸, 盖上锅盖, 改用小火煲约1小时, 再放入莲藕块、红枣, 继续用小火煲30分钟, 然后加入精盐调好汤汁口味, 出锅装碗即成。

清热消痰，补血又养颜

藕丁煲猪排 ＜排骨软嫩，莲藕清香＞

原料

猪排400克，莲藕125克，红枣25克。
葱段15克，姜片25克，精盐2小匙，胡椒粉少许，料酒2大匙，香油1小匙。

靓汤功效

本款靓汤具有清热消痰、补血养颜的功效，非常适宜心慌失眠、缺铁性贫血、体弱多病、食欲不振者食用。

做法

1 猪排清洗干净，剔去多余油脂，剁成大块，放入沸水锅中汆烫，待锅内清水再沸后撇去血沫，反复撇几次直至没有血沫，捞出。

2 鲜莲藕去掉藕节，削去外皮，切开成两半，去掉泥沙，清洗干净，切成1厘米大小的藕丁。

3 将排骨段放入汤锅中，加入葱段、姜片、料酒及适量温水，用旺火煮约25分钟。

4 再放入莲藕丁、洗净的红枣，将锅盖盖严，改用小火煮1小时，捞出葱段和姜片不用，加入精盐、胡椒粉调好汤汁口味，淋入香油，出锅装碗即可。

白果莲子猪心汤

清热益气，补血又养心

〈汤汁清润，不腻不滞〉

原料

鲜猪心1个(约400克)，白果（干）75克，莲子25克。
葱段15克，姜片25克，精盐2小匙，胡椒粉1小匙，料酒2大匙。

靓汤功效

本款靓汤具有健脾祛湿、清热益气、补血养心等功效，适宜于工作劳神过度导致的虚烦心悸、睡眠不安、健忘者经常食用。

做 法

1 将鲜猪心外层油脂去掉，切开成两半，去掉筋膜，洗去血污，再切成大块。

2 净锅置火上，加入清水，放入猪心块焯烫5分钟，捞出，用冷水过凉，沥净水分。

3 将莲子去掉莲子芯，洗净；白果剥去外壳，去掉胚芽，与莲子分别放入沸水锅内焯烫一下，取出，沥水。

4 将葱段、姜片、猪心块、莲子和白果放入汤锅内，添入适量清水，先用旺火烧煮至沸。

5 烹入料酒，转小火煮约90分钟，加入精盐、胡椒粉调好口味，出锅即成。

药料宝典

猪心

♥ 猪心为哺乳纲偶蹄目猪科猪属的心脏，是猪身体内推动血液循环的器官。猪心位于猪胸腔中部偏上方，整体呈圆形或椭圆形，色泽红亮，外边包裹有一层薄薄的膜，脂肪呈乳白色或微红色，组织结实有弹性，用力挤压时有鲜红的血液或血块排出，是一种比较有特点的畜肉食材。

补中安神, 健脑又益智

海带马蹄煲猪心

《软嫩清香，味美适口》

原 料

猪心1个, 猪排200克, 水发海带100克, 马蹄25克, 红枣15克。

姜片10克, 精盐2小匙, 米酒4小匙, 胡椒粉少许, 香油1小匙。

靓汤功效

本款靓汤具有益智健脑、补中安神, 生津益气的功效, 适宜口干咽燥、眼目干涩, 气短乏力、神经衰弱、心神不安者食用。

做 法

1 用刀在猪心尖端处切十字状开口, 用清水将猪心的血块洗净, 沥净水分, 切成块; 猪排洗净血污, 擦净表面水分, 剁成大块。

2 将水发海带洗净, 切成条块; 马蹄削去外皮, 洗净; 红枣去掉果核, 取净枣肉。

3 净锅置火上, 加入清水烧沸, 下入猪心块、排骨块、海带块焯烫3分钟, 捞出过凉。

4 将猪心块、排骨块放入砂锅内, 加入清水、米酒淹没食材, 置于火上, 用旺火烧沸, 转小火煲30分钟。

5 再下入姜片、海带块、红枣肉、马蹄块和精盐, 转中火煲约60分钟至猪心块熟香并且入味, 撒上胡椒粉, 淋入香油, 离火上桌即成。

猪心, 尤其是冷冻猪心, 其通常有股异味, 如果在制作靓汤或其他菜肴时处理不好, 靓汤或菜肴的味道就会大打折扣。家庭可在买回猪心后, 立即沾上少许面粉, 放置1小时左右, 然后再用清水洗净, 这样制作而成的猪心靓汤或菜肴, 就会没有异味, 而且鲜美纯正。

小贴士

肥肠煲苦瓜

滋阴降火，养血又滋肝

〈肥肠软嫩，苦瓜清香〉

原料

肥肠400克，苦瓜150克，酸菜100克。
姜片25克，精盐1小匙，味精、胡椒粉各1/2小匙，白酒2小匙，米酒1大匙，植物油少许。

靓汤功效

　　本款靓汤具有益气壮阳、滋阴降火、养血滋肝等功效，适宜气血不足、病后体虚、肠胃虚弱者食用。

做法

1 将肥肠翻过来，去掉白色的油脂，用冷水冲洗干净，放入冷水锅内，加入少许姜片、白酒煮约30分钟，取出肥肠，沥干水分，切成小段。

2 苦瓜去蒂，切开后去掉苦瓜瓤，洗净，切成大块；酸菜去根，洗净，切成小段。

3 砂锅置火上烧热，加入植物油烧至六成热，下入姜片煸炒出香味。

4 下入肥肠段、酸菜段，烹入白酒，添加适量清水，用旺火煮沸，撇去浮沫，转小火煲40分钟。

5 再放入苦瓜块，继续用小火煮30分钟，加入精盐、味精和胡椒粉调好口味，离火上桌即成。

原料

猪肥肠400克,酸菜250克。
姜片15克,精盐少许,米醋2小匙,面粉1大匙。

靓汤功效

本款靓汤具有润肠治燥、养阴生津、祛暑清热、舒肝解郁之功效,适宜虚弱口渴、便血便秘、食欲不振者食用。

做法

1 将猪肥肠去掉白色的油脂,加入米醋和面粉,反复揉搓均匀,再换清水冲洗干净,放入冷水锅内,加入姜片煮约30分钟,取出肥肠,沥干水分,切成大块。

2 将酸菜放入清水中浸泡1小时,取出酸菜,沥净水分,去掉菜根,切成段。

3 将肥肠块、酸菜段、清水放入砂煲内,用旺火烧沸,再改用小火煲1小时,加入精盐调好口味,出锅装碗即成。

猪肠异味较重,必须反复漂洗干净,在用清水洗涤时要加入精盐、米醋、面粉等,反复抓洗换水。同时清洗时不宜用热水,因为水温高越发突出腥膻气味,不易于清除和挥发。

小贴士

润肠治燥,养阴又生津

酸菜肥肠汤

〈肥肠清香,酸菜酸鲜〉

原料

猪尾500克，带皮花生150克，眉豆100克，红枣15克，陈皮10克。
姜片、葱段各10克，精盐适量。

靓汤功效

本款靓汤具有健脾开胃、祛湿醒神、和中益气、壮骨益髓等食疗功效，特别适合脾胃不佳、肾虚、腹泻、小便频繁者食用。

做 法

1 猪尾去净绒毛，再将猪尾按尾节切开，用清水漂洗干净，然后放入沸水锅中，加入少许姜片、葱段焯煮5分钟，捞出、冲净。

2 将红枣洗净，去掉枣核；陈皮用清水泡软，沥净水分，撕成小块；将眉豆、带皮花生放入容器内，加入适量温水浸泡30分钟，捞出沥水。

3 砂煲置火上烧热，添入适量清水，下入姜片、猪尾块、眉豆、带皮花生、红枣和陈皮，先用旺火烧煮至沸，再撇去汤汁表面的浮沫。

4 盖上砂煲盖，转小火煲约2小时至猪尾软糯，然后加入精盐调好口味，出锅装碗即可。

花生猪尾汤

健脾开胃，祛湿又醒神

〈色泽淡雅，软糯浓鲜〉

健脾补肺, 益胃又补肾

山药煲猪尾 ‹猪尾软糯，汤汁清香›

原料

猪尾500克, 山药200克, 红枣40克。
姜片15克, 精盐2小匙, 鸡精1小匙, 胡椒粉少许。

靓汤功效

本款靓汤具有健脾补肺、益胃补肾、固肾益精等功效, 对于倦怠无力、食欲不振、腰膝酸软、病后虚弱体质者有一定的疗效。

做法

1 将猪尾斩去尾根尖部, 去净绒毛, 再把猪尾按尾节切开, 用清水洗净, 放入沸水锅内焯烫5分钟, 捞出猪尾块, 用冷水冲去猪尾块上面的血沫, 沥净水分。

2 将山药切去两端, 用清水刷洗干净, 去皮, 再切成半圆形厚块。

3 汤锅置火上烧热, 加入冷水, 下入猪尾块、山药块、红枣、姜片, 用旺火煮沸。

4 撇去汤汁表面的浮沫和杂质, 盖上汤锅盖, 改用小火煲约2小时, 加入精盐、鸡精、胡椒粉调好汤汁口味, 离火出锅, 上桌即成。

157

健脾宽中，益气又养血

杜仲黄豆煲猪尾

<猪尾软糯，汤汁浓鲜>

原料

猪尾600克，黄豆75克，杜仲15克。
姜片25克，葱段15克，精盐、胡椒粉各少许，料酒2大匙，植物油1大匙。

靓汤功效

本款靓汤具有益气养血、健脾宽中、润燥行水、通便解毒的功效，适宜腹胀羸瘦、疳积泻痢、胃中积热、水肿胀痛、小便不利者食用。

做法

1. 将猪尾斩去尾根尖部，用小镊子拔去残余的猪毛（也可以把猪尾用火烤一下，用温水洗净后去毛），再把猪尾按尾节切开，用清水漂洗干净。

2. 净锅置火上烧热，下入少许姜片、葱段和猪尾块，加入料酒及适量清水烧沸，续煮5分钟，捞出猪尾块，用冷水冲去猪尾块上面的血沫，沥净水分。

3. 将黄豆择洗干净，放在温水中浸泡2小时，捞出；杜仲洗净，装入纱布袋内，扎紧袋口。

4. 汤锅置火上，加入植物油烧至六成热，下入姜片炝锅，下入猪尾块翻炒一下，再烹入料酒以去除去腥味，倒入适量清水煮沸。

5. 然后放入黄豆、杜仲袋，盖上汤锅盖，改用小火煲约2小时，加入精盐、胡椒粉调好口味，出锅装碗即成。

猪尾又称皮打皮、节节香，为哺乳纲偶蹄目猪科猪属的尾巴。猪尾是一种非常有特点的食材，系由皮质和骨节组成，皮多胶质，含有多量的蛋白质和胶质，具有补腰力、益骨髓的功效。

生黄豆中含有抗胰蛋白酶因子，影响人体对黄豆内营养成分的吸收。所以食用黄豆靓汤时，煮黄豆的时间应长一些，以高温来破坏这些因子，提高黄豆蛋白的营养价值。

小贴士

药料宝典

杜仲

♥ 杜仲又名胶木，杜仲科植物，为杜仲科植物杜仲的干燥树皮，是比较名贵滋补药材。杜仲性温、味甘，归肝、肾、胃经。具有补益肝肾、强筋壮骨、调理冲任、固经安胎功效。主治肾阳虚引起的腰腿痛或酸软无力、肝气虚引起的胞胎不固，阴囊湿痒等症。

补气养血，止咳又化痰

党参百合炖猪肺 〈色泽美观，清鲜适口〉

原料

猪肺400克，鲜百合75克，枸杞子20克，党参10克。
精盐适量。

靓汤功效

本款靓汤具有补气养血、止咳化痰等功效，适宜感冒痰多、周身不适、项背疼痛、口干痰多、小便不畅、大便干结者食用。

做法

1 将猪肺的喉管套在水龙头下，打开水龙头后灌涨，然后把水挤出来，如此反复多次，直到猪肺里的血污洗净，再把猪肺切成块，放入沸水锅内焯烫一下，捞出沥水。

2 鲜百合去根，掰取百合花瓣，用清水漂洗干净；党参、枸杞子分别洗净，沥净水分。

3 猪肺块、百合、党参、枸杞子放入砂煲内，加入清水，改用小火煲2小时，加入精盐调好口味即成。

> 猪肺的毛细血管非常丰富，所以在初加工时一定要灌洗干净。清洗方法如上面介绍的方法，或者用流水把猪肺反复灌洗干净，以保证靓汤的质量。
>
> 小贴士

清肺润燥，美容又养颜

猪肺芡实汤 ＜猪肺软嫩，鲜咸味美＞

原 料

猪肺250克，雪梨150克，芡实、枸杞子各适量。老姜片15克，精盐2小匙，鱼露1小匙，胡椒粉少许。

靓汤功效

本款靓汤具有清肺热、润肺燥、美容养颜的功效，对痰浓口臭、喘咳气喘、肺结核、面色苍白者有比较好的效果。

做 法

1 将猪肺用流水反复漂洗干净，沥净水分，切成小块，放入沸水锅内焯烫一下，捞出用冷水讨凉，沥干水分。

2 将雪梨削去外皮，去掉果核，切成小块；芡实洗净，用清水浸泡2小时。

3 将加工好的猪肺块、芡实放在炖盅内，加入适量清水淹没食材，盖上炖盅盖。

4 将炖盅放入蒸锅内，用旺火沸水隔水炖约1小时，再加入姜片、雪梨块、枸杞子，继续炖30分钟。

5 最后加入精盐、鱼露和少许胡椒粉调好口味，出锅装碗即可。

开胃化痰, 清肺又润燥

橄榄炖猪肺

<软嫩清香, 味美适口>

原 料

猪肺400克, 青橄榄100克。

姜块15克, 精盐1小匙, 胡椒粉少许, 香油、植物油各适量。

靓汤功效

本款靓汤具有开胃化痰、清肺润燥、养阴止咳的功效, 适宜咽喉肿痛、烦热口渴、肺热咳嗽者食用。

做 法

1 将猪肺喉部套在水龙头上, 打开水龙头用水灌入, 灌满后用手把肺内的水挤压出, 如此反复多次把猪肺洗净, 沥净水分, 切成大片。

2 青橄榄洗净, 再用温水浸泡10分钟; 姜块去皮, 洗净, 切成大片。

3 汤锅置火上, 加入植物油烧至六成热, 下入姜片炝锅出香味, 倒入凉开水, 用旺火煮沸。

4 下入青橄榄、猪肺片调匀, 盖上汤锅盖, 改用小火炖约2小时, 加入精盐、胡椒粉调好汤汁口味, 淋入香油, 出锅装碗即成。

红枣蹄排汤

活血补血，养颜美容效果佳

〈猪蹄软糯，鲜咸清香〉

原料

猪蹄1个，猪排200克，红枣75克。

大葱、姜块各25克，精盐适量。

靓汤功效

本款靓汤具有舒筋活络、活血补血、养颜美容的功效，适宜面色苍白、产后缺乳、体质虚弱者食用。

做法

1 将猪蹄洗净，去掉残毛，剁成大块，再用刀背敲裂；猪排洗净血污，擦净表面水分，剁成大块；大葱去根和老叶，洗净，切成段；姜块去皮，拍散。

2 红枣洗净，放在大碗内，上屉用旺火蒸10分钟，取出红枣，晾凉，去掉枣核。

3 净锅置火上，加入清水，下入少许葱段、姜块、猪蹄块、猪排块煮沸，用旺火焯烫5分钟，捞出猪蹄块、猪排块，换清水洗净浮沫，沥净水分。

4 汤锅中加入清水，下入猪蹄块、猪排块、葱段、姜块，用旺火煮沸，转中小火慢煮1小时。

5 捞出葱段、姜块不用，放入红枣，继续用小火煮30分钟，加入精盐调好口味，出锅装碗即可。

药料宝典

猪蹄

♥ 猪蹄又称猪手，就是哺乳纲偶蹄目猪科猪属的脚。猪蹄的外皮下包裹着一层薄薄的肥肉膘和多量的猪瘦肉和骨头，其细嫩味美，营养丰富，是老少皆宜的烹调原料之一，也是非常有特点的畜肉食材。猪蹄可分为猪前蹄和猪后蹄两种，其中猪前蹄肉多骨少，呈直形，而猪后蹄肉少而骨头稍多，呈弯形。

养肾防寒, 美容又养颜

莲藕萝卜炖猪蹄

<猪蹄软糯, 鲜美浓香>

原料

猪蹄1个, 白萝卜200克, 莲藕100克, 红枣25克, 枸杞子10克。

姜块25克, 精盐2小匙, 料酒1大匙, 胡椒粉少许。

靓汤功效

本款靓汤具有养肾防寒、美容养颜、滋养补益、健脾益胃之功效, 是一道适合全家人, 尤其是女性、老人秋冬季节食用的滋补靓汤。

做法

1 将猪蹄用流水冲洗去血水, 再放入清水中泡10分钟, 取出猪蹄, 剁成大块; 红枣洗净, 去掉枣核; 枸杞子洗净; 姜块去皮, 切成片。

2 白萝卜去根, 洗净, 削去外皮, 切成大块, 放入沸水锅内焯烫一下, 以去掉萝卜的辛辣味道, 捞出、过凉; 莲藕去掉藕节, 削去外皮, 洗净, 切成小块。

3 净锅置火上, 加入冷水、猪蹄煮沸, 下入少许姜片焯烫5分钟, 捞出猪蹄块, 换清水洗去浮沫, 沥净水分。

4 砂煲置火上, 先小火烧热, 加入清水、料酒, 下入猪蹄、姜片, 用旺火烧沸, 撇去汤汁表面的浮沫, 盖上盖, 再改用小火炖约1小时。

5 然后放入莲藕块、萝卜块、红枣、枸杞子, 继续用小火炖1小时, 最后加入精盐、胡椒粉调好口味即成。

煮猪蹄的时候要多次查看猪蹄是否粘锅, 用锅铲铲猪蹄和锅的接触面。当汤色变白的时候, 煮猪蹄的水消耗掉, 可以少量多次的添加热水, 每次加的热水不能超过一碗, 然后继续炖煮。

煮猪蹄时如果要想使汤味鲜美, 应把猪蹄焯水后直接放入冷水锅内, 用中小火慢煮。因为冷水煮猪蹄可使猪蹄中的呈鲜物质更多地渗入到汤内, 所以成菜的汤味鲜美。

小贴士

猪蹄凤爪煲花生

和血润肤，促进胸部发育

〈软嫩鲜咸，汤浓味厚〉

原料

猪蹄1个，凤爪200克，五花肉100克，带皮花生米50克。

姜片25克，精盐2小匙，胡椒粉1/2小匙，植物油适量。

靓汤功效

本款靓汤具有和气血、润肌肤、促进胸部发育的疗效，健胸丰乳效果佳，并且可用于气虚出血和脾胃虚弱者的调养和治疗。

做法

1　将猪蹄去掉杂毛，用清水漂洗干净，剁成大块，放入清水锅内焯烫几分钟，捞出猪蹄块，换冷水过凉并洗净浮沫，沥净水分。

2　凤爪剁去爪尖，去掉黄皮，洗净，放入沸水锅内焯烫一下，捞出；五花肉洗净血污，切成块；带皮花生米用温水浸泡20分钟，捞出。

3　汤锅置火上，加入植物油烧至六成热，下入猪肉块煸炒至变色。

4　再下入姜片、猪蹄块、凤爪炒匀，然后加入适量清水，先用旺火煮沸，再改用小火煲2小时。

5　最后放入带皮花生米，继续小火煲30分钟，加入精盐、胡椒粉调好口味，出锅装碗即可。

原 料

猪蹄750克, 黄瓜200克, 枸杞子25克。
姜片15克, 精盐适量。

靓汤功效

本款靓汤具有补中益气、安神补血、益髓健骨、强筋养体、生精养血的食疗功效, 适宜身体虚弱、疲倦不适、心烦失眠者食用。

做 法

1 将猪蹄用流水冲洗去血水, 再放入清水中泡10分钟, 取出猪蹄, 剁成大块, 放入沸水锅内焯烫5分钟, 捞出猪蹄, 洗净浮沫。

2 黄瓜去根 (不用削皮), 洗净, 切成5厘米大小的段; 枸杞子用清水浸泡并洗净。

3 将姜片、猪蹄、清水放入汤锅内煮约2小时, 再放入黄瓜、枸杞子、精盐继续煮30分钟, 出锅装碗即可。

家庭中购买的猪蹄如果黏附一些脏物, 直接用自来水冲洗很难洗净。可在清洗前把猪蹄浸泡在淘米水里几分钟, 捞出再用清水刷洗干净, 脏物就容易去掉了。

小贴士

强筋养体, 安神且补血

黄瓜猪蹄汤

〈蹄糯瓜香, 汤鲜味美〉

原 料

猪腰400克,猪骨250克,板栗75克,莲子50克,枸杞子少许。
姜块15克,精盐、胡椒粉、料酒各适量。

靓汤功效

本款靓汤具有养心益肾、补脾涩肠、补虚固肾等功效,适宜腰酸脚软、脾胃虚弱、小便较频者,尤其是有上述症状的中老年人食用。

做 法

1 将猪腰去掉外膜,剖开成两半,去掉中间白色腰臊,洗净,片成大片,加入少许精盐、料酒反复揉搓,再换清水漂洗干净,沥净水分。

2 将板栗表面切一小口,放入清水锅内煮5分钟,取出板栗、过凉,去掉外壳,剥去子膜。

3 将莲子去掉莲子芯,先用清水洗净,再用温水浸泡20分钟;猪骨洗净血污,擦净水分,用刀背敲裂;枸杞子洗净。

4 将猪骨、姜块、板栗、莲子放入砂煲内,加入适量清水,先用旺火煮沸,再改用小火煮约2小时。

5 再放入猪腰片、枸杞子煮约10分钟,加入精盐、胡椒粉调好口味,出锅装碗即可。

养心益肾,补脾涩肠

莲子板栗猪腰汤

〈猪腰软糯,清香适口〉

温肾壮腰，和胃理气

枸杞芡实煲猪腰 〈软滑鲜咸，口味醇香〉

原料

猪腰500克，芡实50克，枸杞子15克。
姜片15克，精盐、料酒各适量。

靓汤功效

本款靓汤具有温肾壮腰、和胃理气、散寒止痛等功效，适宜肾虚腰疼、腰肌劳损、老人虚寒腰痛者食用。

做法

1 将猪腰剥去外层薄膜，片开成两半，去掉白色腰膜，片成大小均匀的片，加入白酒反复揉搓，再换清水漂洗干净，沥净水分。

2 将芡实洗净，放在容器内，加入适量温水浸泡2小时，捞出；枸杞子洗净。

3 将芡实、姜片、料酒和清水放入砂煲内煲1小时，放入猪腰片、精盐煲20分钟，出锅装碗即可。

猪腰去腥的方法有很多，除了白酒去腥法外，还可以把煮好的花椒水晾凉，加入收拾好的猪腰浸泡5分钟，也可以去掉猪腰的腥膻味道。

小贴士

169

行气健脾, 排毒又养颜

猪肚灵芝鸡汤

<肚嫩鸡香, 味美适口>

原料

猪肚500克, 净仔鸡300克, 香菇、红枣、枸杞子、灵芝各适量。
姜块、精盐、米醋、料酒、胡椒粉、鸡精、植物油各适量。

靓汤功效

本款靓汤具有行气健脾、暖胃养胃、散寒止痛和排毒养颜的功效, 适宜中气不足、食欲不振、消化不良、虚寒胃痛、酒毒伤胃者食用。

做法

1 将猪肚去掉内侧白色油脂, 用流动水搓洗干净, 放入容器内, 再用精盐、米醋分两次搓洗猪肚, 并用清水冲洗干净, 最后加入淀粉搓洗, 再用水冲洗干净。

2 将搓洗干净的猪肚放入清水锅内烧沸, 用旺火焯烫几分钟, 捞出猪肚, 用冷水过凉, 切成大块。

3 净仔鸡洗净, 剁成大块, 放入烧热的油锅内煸炒至水分干, 取出; 香菇、红枣、枸杞子、灵芝分别洗净。

4 砂锅置火上加热, 加入适量清水, 放入猪肚、灵芝、香菇、红枣、料酒和姜块, 用旺火烧沸, 撇去浮沫和杂质, 再改用小火炖约90分钟。

5 然后加入仔鸡块、枸杞子, 继续用小火炖2小时, 再加入精盐、胡椒粉、鸡精调好口味, 出锅装碗即可。

新鲜的猪肚富有弹性和光泽, 白色中略带浅黄色, 黏液多; 质地坚而厚实; 不新鲜的猪肚白中带青, 无弹性和光泽, 黏液少, 肉质松软, 如将肚翻开, 内部有硬的小疙瘩, 不宜购买。

为了控制脂肪、饱和脂肪酸以及胆固醇的吸收量, 应少吃猪肚以及内脏食物, 并避免用油炸、油煎的方式烹调, 煮食后用纸吸去多余的油分, 或冷却后把浮面的脂肪去除, 以免食用过多油脂, 影响身体健康。

小贴士

猪
肚

♥ 猪肚就是猪的胃脏，猪在我国大部分地区有饲养，宰杀后取猪肚食用。猪肚的形状有些像一个小袋，上下有两个口，上面的口叫贲门，下面的口叫幽门。幽门处有一尖角，这就是猪肚最嫩的部分，俗名肚角，又称肚尖。生猪肚表面有白色网油，略带异臭味，但成熟后消失无几，成品非常有特色。

171

滋养脾胃，强健筋骨有效果

南瓜煲牛腩 <牛腩软嫩，南瓜清香>

原 料

牛腩肉400克，南瓜1块（约250克）。
姜块25克，大葱15克，精盐、胡椒粉各适量。

靓汤功效

本款靓汤具有滋养脾胃、强健筋骨、润肺消痈、托毒排脓的功效，适宜脾气虚弱、营养不良、腰膝酸软、肺痈胸痛、咳吐浓痰者食用。

做 法

1 将牛腩肉剔去筋膜，用清水洗净，沥净水分，切成4厘米大小的长条，放入清水锅内，加入少许姜块焯烫5分钟，捞出牛肉块，换冷水洗净，沥净水分。

2 将南瓜去蒂，洗净，切开后去掉南瓜瓤（也可以削皮后再去瓤），切成5厘米大小的方块。

3 将姜块洗净，拍松；大葱洗净，切成段，全部放在砂煲内，再放入牛肉块，倒入适量清水。

4 将砂煲置火上，用旺火煮沸，改小火煮约1小时，放入南瓜块、姜块、葱段，继续用小火煮30分钟。

5 捞出葱段、姜块不用，加入精盐、胡椒粉调好汤汁口味，离火上桌即成。

开胃顺气，润肺又止咳

南姜萝卜牛肉汤 <色泽淡雅，清鲜味美>

原料

牛腩肉500克，白萝卜300克，南姜15克。
姜片10克，精盐、胡椒粉各少许。

靓汤功效

本款靓汤具有理气健脾、祛湿化痰、润肺止咳、开胃顺气的功效，适宜脾胃不和、不思饮食、咳嗽痰多、胸膈满闷、头晕目眩者食用。

做法

1 将牛腩肉去掉筋膜和杂质，先用清水洗净，再放入清水中浸泡2小时以去除血水，捞出牛腩肉，沥净水分，切成5厘米大小的块。

2 净锅置火上，加入清水，放入姜片和牛肉块焯烫几分钟，捞出牛肉块，沥净水分。

3 白萝卜去根，削去外皮，洗净，沥净水分，切成大小均匀的滚刀块；南姜洗净、拍散。

4 将牛肉块、南姜块放入汤锅内，加入适量清水，用旺火煮沸，再改用小火炖2小时，然后放入萝卜块，继续炖40分钟，加入精盐、胡椒粉调好口味，出锅即成。

益气养血，强筋又壮骨

娃娃菜牛丸汤 <肉丸软嫩，清香味美>

原料

牛肉末300克，娃娃菜100克。
精盐、料酒、咖喱粉、淀粉、生抽、胡椒粉、鸡精各少许。

靓汤功效

本款靓汤具有益气养血、强筋壮骨、滋脾健胃、去痰平喘等效果，适宜腰膝酸软、久病体弱、气虚盗汗者食用。

做法

1 将牛肉末加入精盐、料酒、淀粉、胡椒粉、鸡精和少许清水，朝一个方向搅拌至肉馅黏稠并且有弹性成牛肉馅料；娃娃菜去根，用清水洗净，沥净水分，顺长切成长条。

2 汤锅置火上，加入清水烧沸后转小火，把调好的牛肉馅料制作成丸子，放入汤锅内。

3 待全部完成后，加入料酒、咖喱粉调匀，再沸后撇去表面浮沫，转中火煮约20分钟。

4 再放入娃娃菜条煮几分钟至熟香入味，加入少许精盐、生抽调匀，出锅装碗即成。

什锦牛肉汤

补气健体，营养脾胃有效果

〈色泽美观，清香微辣〉

原料

牛腿肉200克，洋葱、番茄、水发干贝各40克，鸡蛋1个。

精盐1小匙，胡椒粉、味精、香油各少许，生抽2小匙，料酒1大匙，淀粉4小匙，熟猪油适量。

靓汤功效

本款靓汤具有补气健体、营养脾胃、强壮筋骨等功效，适宜腰膝酸软、消瘦无力、容易疲乏者食用。

做法

1 将牛腿肉去除筋膜，切成小粒，加入生抽、淀粉和少许清水拌匀，腌渍10分钟，再放入沸水锅内汆至变色，捞出，控净水分。

2 水发干贝撕成细丝；洋葱去皮，番茄洗净，均切成小粒；鸡蛋磕在碗里打散成鸡蛋液。

3 汤锅置火上，加入熟猪油烧至六成热，放入洋葱粒煸炒至变色。

4 再放入番茄粒和牛肉粒炒匀，然后烹入料酒，加入干贝丝和清水（约1000克）煮沸，撇去浮沫，小火煮出香味。

5 淋入搅匀的鸡蛋液，再放入精盐、胡椒粉和味精调好口味，出锅盛在汤碗里，淋入香油即成。

药料宝典

党参

♥ 党参为多年生草本，系橘梗科植物党参、素花党参（西党参）、川党参、管花党参等的根，生于山地灌木丛中及林缘。由于党参的味性、功效、主治项目皆与人参接近，因此临床上一般的虚证，都可以党参替代人参使用，不过在用量上，党参的用量应该大些，差不多为人参的两倍。

健脾养胃，强健筋骨

党参淮山炖牛肉

<软嫩咸香，清鲜适口>

原料

牛肉400克，猪瘦肉150克，怀山药、党参、杜仲各15克，蜜枣2个，枸杞子少许。

葱段10克，姜片25克，精盐、胡椒粉、鸡精、料酒各适量。

靓汤功效

本款靓汤具有补益精血、健脾养胃、强健筋骨、补肝强体的效果，适宜肾虚腰痛、虚劳羸瘦、脾胃不佳者食用。

做法

1 将牛肉去除筋膜，洗净血污，沥净水分，切成4厘米大小的块；猪瘦肉洗净，切成3厘米大小的块；蜜枣、枸杞子分别择洗干净。

2 将怀山药、党参、杜仲分别洗净，放在容器内，加入温水浸泡30分钟，捞出。

3 净锅置火上，加入清水、葱段、姜片、料酒烧沸，下入牛肉块、猪肉块焯煮5分钟，捞出牛肉块、猪肉块，换清水洗净浮沫，沥净水分。

4 砂煲置火上烧热，加入清水，放入姜片、牛肉块、怀山药、杜仲煮沸，改用小火炖约1小时。

5 撇去汤汁表面的浮沫，再放入猪肉块、党参、蜜枣、枸杞子调匀，继续用小火炖90分钟，加入精盐、胡椒粉、鸡精调好汤汁口味，出锅装碗即成。

在制作牛肉靓汤时，如果发觉牛肉呈紫红色，那就是比较老的牛肉，若要使其变嫩，可用塑料袋将牛肉包裹好，放在案板上，用刀背拍打使牛肉纤维断裂，再制作成靓汤。

在炖煮牛肉靓汤时，可以放入少许蜜枣（或者蜂蜜），蜜枣能够把牛肉本身含有的甜味引出，靓汤口味更加鲜美适口。另外把少许茶叶用纱布袋包裹好，放入汤锅内，与牛肉一起炖煮成靓汤，不仅牛肉易煮烂，还能为牛肉靓汤增添一股清香味。

小贴士

牛肉排骨萝卜汤

理气健脾，祛湿又化痰

〈色泽美观，软嫩浓鲜〉

原 料

牛肉300克，猪排200克，白萝卜150克。
姜块25克，精盐2小匙，胡椒粉少许，料酒1大匙。

靓汤功效

本款靓汤具有理气健脾、润肺止咳、开胃顺气、祛湿化痰的功效，适宜脾胃不和、不思饮食、咳嗽痰多、胸膈满闷、头晕目眩者食用。

做 法

1 将牛肉去掉筋膜和杂质，先用清水洗净，再放入清水中浸泡1小时以去除血水，捞出牛肉，沥净水分，切成大块；猪排洗净血污，剁成大块。

2 将白萝卜去根，削去外皮，用清水洗净，沥净水分，切成大小均匀的滚刀块。

3 净锅置火上烧热，加入清水、料酒，放入姜块、牛肉块和排骨块，用旺火焯烫几分钟，捞出牛肉块、排骨块，沥净水分。

4 将牛肉块、排骨块、姜块、清水放入汤锅内，用旺火煮沸，再改用小火炖2小时，放入萝卜块，继续炖约30分钟，加入精盐、胡椒粉调好口味，出锅即成。

原 料

牛杂500克,胡萝卜(红参)150克,红枣25克。姜片15克,精盐、胡椒粉各适量。

靓汤功效

本款靓汤具有补身养气、强筋健体、驱寒强身的功效,适宜病后虚羸、气血不足、营养不良、脾胃薄弱者食用。

做 法

1 将牛杂去掉杂质,洗净血污,先放入沸水锅内焯烫几分钟,捞出牛杂,倒入清水锅内煮约1小时,捞出牛杂,过凉,沥净水分,切成条块。

2 将胡萝卜去根,削去外皮,洗净,切成大小均匀的滚刀块;红枣去掉枣核。

3 将牛杂、姜片、胡萝卜块、清水倒入砂煲内,用旺火烧沸,再改用小火煲1小时,加入精盐、胡椒粉调味即成。

牛杂是指牛的五脏六腑,比较常见的有牛肚、牛肝、牛肠、牛肺等,有时候为了汤汁的口味,制作牛杂汤时还加上一些牛肉。 小贴士

补身养气,强筋又健体

牛杂煲红参

〈牛杂软嫩,汤汁味美〉

179

原料

羊肉250克,白萝卜150克,枸杞子5克。

大葱25克,姜块20克,八角2个,精盐1小匙,胡椒粉1/2小匙,料酒1大匙,植物油2大匙。

靓汤功效

本款靓汤具有补气益血、滋养肝脏、改善血液循环的功效,经常食用可以提升气色、滋润肌肤、保持皮肤细腻红润、预防肌肤老化。

做法

1 将羊肉洗净,沥净水分,切成5厘米大小的块,放入沸水锅内汆烫5分钟,去除血沫,捞出羊肉,用流水冲净。

2 将白萝卜去根,削去外皮,用清水洗净,沥干水分,切成大小均匀的滚刀块。

3 将枸杞子洗净;大葱去根和老叶,切成小段;姜块去皮,洗净,切成大片。

4 砂煲置火上,加入植物油烧至六成热,放入葱段、姜片和八角爆香,再放入羊肉块,烹入料酒,加入清水煮沸,转小火煮1小时。

5 然后放入白萝卜块、枸杞子调匀,继续用小火煮30分钟,加入精盐、胡椒粉调好汤汁口味,出锅装碗即成。

羊肉萝卜汤

补气益血,滋养肝脏

〈色泽淡雅,肉嫩汤鲜〉

补血益精，提高人体免疫力

石斛煲羊肝 <羊肝软嫩，清鲜味美>

原 料

羊肝250克，枸杞子25克，石斛10克。
姜片15克，精盐2小匙，胡椒粉少许，料酒1大匙，植物油2大匙。

靓汤功效

本款靓汤具有补血益精、提高人体免疫力、抵抗衰老的功效，适宜高血压、血管硬化、肺虚久咳、久病体弱、神经衰弱者食用。

做 法

1 将羊肝去掉筋膜和杂质，用清水洗净血污，沥净水分，切成大片；石斛、枸杞子分别清洗干净，沥净水分。

2 净锅置火上，加入清水烧沸，下入羊肝片汆烫一下，取出，用冷水过凉，沥干水分。

3 净锅置火上，加入植物油烧至六成热，下入姜片煸炒片刻出香味。

4 倒入清水（约1250克），放入羊肝片、石斛、枸杞子、料酒烧沸，撇去浮沫。

5 离火倒入炖盅内，盖上炖盅盖，放入蒸锅内，隔水炖2小时，再加入精盐、胡椒粉调好口味，出锅即成。

参归羊肚汤

补虚健胃，强体养身

〈羊肚软嫩，清鲜味美〉

原料

羊肚400克，党参25克，当归15克，陈皮5克。葱段15克，姜片10克，花椒2克，精盐2小匙，料酒5小匙，胡椒粉少许，米醋1大匙，面粉4小匙。

靓汤功效

本款靓汤具有补虚健胃、烦热体虚、尿频多汗等症，适宜体质羸瘦、虚劳衰弱、反胃不食、盗汗尿频者食用。

做法

1 将羊肚去掉白色油脂和杂质，用米醋、少许精盐和面粉，反复搓洗干净，再换清水浸泡并洗净。

2 锅置火上，加入清水、花椒、羊肚烧沸，用旺火煮5分钟，取出晾凉，切成大块。

3 将党参、当归和陈皮分别洗净，党参切成段；当归切成片；陈皮撕成小块。

4 将党参、当归、陈皮和羊肚块放入炖盅内，放入姜片、葱段，再加入料酒和适量清水调匀。

5 将炖盅放入蒸锅内，隔水炖2小时至熟烂，加入精盐、胡椒粉调好口味即成。

PART 4

水 产

(各种营养素的大本营)

益气定惊，镇痛又养肝

天麻炖鲫鱼

<鲫鱼软嫩，汤汁鲜美>

原 料

鲫鱼2条，胡萝卜150克，天麻25克，枸杞子15克。

葱白段15克，姜片25克，精盐2小匙，胡椒粉、味精各少许，料酒1大匙，植物油适量。

靓汤功效

本款靓汤具有益气定惊、镇痛养肝、宁神定惊、祛风湿、强筋骨等功效，适宜神经衰弱、眩晕头痛、心神不定者经常食用。

做 法

1 将鲫鱼宰杀，去掉鱼鳞、鱼鳃，除去内脏，用淡盐水浸泡片刻并洗净血污，取出鲫鱼，擦净表面水分，剁成大块，加入料酒、少许精盐拌匀。

2 将天麻、枸杞子用清水浸泡回软，再换清水洗净；胡萝卜去皮，洗净，切成花刀。

3 净锅置火上，加入清水、姜片烧沸，下入鲫鱼块焯烫一下，捞出，换清水洗净，沥净水分。

4 砂煲置火上，加入植物油烧至六成热，下入葱白段、姜片炝锅出香味，倒入清水煮沸，下入鲫鱼块、天麻调匀，盖上砂煲盖，转小火煲约1小时。

5 再加入胡萝卜、枸杞子，继续用小火煲30分钟，加入精盐、胡椒粉、味精调好口味，出锅装碗即成。

鲫鱼肉嫩味鲜，食法较多，可做鱼粥、靓汤、小吃等。用鲫鱼烹调菜肴，一般用炖、烧、蒸、煮等方法制作。鲫鱼尤其适于做汤，鲫鱼汤不但味香汤鲜，而且具有较强的滋补作用，非常适合中老年人和病后虚弱者食用，也特别适合产妇食用。

用茶叶配以鲫鱼制作成的汤羹为健脾利水、清热滋阴的带有药膳疗效的靓汤；用鲫鱼配以蘑菇、竹笋制成的靓汤适宜于麻疹欲出未出之际者；而小儿补脑益智可以饮用木耳鲫鱼靓汤。

小贴士

PART 4
水 产

鲫鱼

♥ 鲫鱼为一种典型的湖泊型淡水小型经济鱼类，也是我国重要食用鱼类之一。鲫鱼的药用价值非常高，含有丰富的蛋白质、磷、钙、脂肪和其他一些矿物质和维生素，具有和中补虚、除湿利水、补虚赢、温胃进食、补中生气之功效，尤其是活鲫鱼氽汤在通乳方面有其他药物不可比拟的作用。

健脾开胃, 补虚养身有效果

鲜鱼黑豆煲鸡汤 <汤色清亮、入口滑糯>

原 料

鲜鱼1条, 净仔鸡300克, 黑豆50克。
姜块25克, 葱段15克, 精盐2小匙, 胡椒粉少许, 植物油2大匙。

靓汤功效

本款靓汤具有补充营养、健脾开胃、补虚养身的功效, 适宜须发早白、高脂血症、精血亏虚、中老年骨质疏松者食用。

做 法

1 将鲜鱼宰杀, 刮去鱼鳞, 去除鱼鳃和内脏, 用清水洗净, 放入沸水锅内焯烫至变色, 捞出鲜鱼, 擦净表面水分; 黑豆用温水浸泡2小时。

2 净仔鸡用清水漂洗干净, 沥净水分, 剁成大小均匀的块, 加入少许精盐、料酒拌匀, 腌渍15分钟, 再放入沸水锅内焯烫一下, 捞出仔鸡块, 沥净水分。

3 汤锅置火上, 加入植物油烧至六成热, 下入葱段、姜块(拍散)炝锅出香味。

4 添入适量清水, 放入仔鸡块、鲜鱼和泡好的黑豆, 先用旺火煮沸, 再改用小火炖约1小时, 加入精盐、胡椒粉调好口味, 出锅装碗即成。

提高智力，健脑又养神

参竹煲鲤鱼 <鱼肉软嫩，清爽适口>

原料

鲤鱼1条，玉竹、沙参、枸杞子各适量。
老姜15克，精盐、料酒、胡椒粉各适量。

靓汤功效

本款靓汤具有消除眩晕、健忘症状，提高智力，健脑养神等功效，适宜肝肾不足、精血亏虚、腰膝酸软、眩晕健忘者食用。

做法

1 将鲤鱼刮去鱼鳞，去掉鱼鳃和内脏，剁成大小均匀的块，加入少许精盐、料酒拌匀，腌渍10分钟，放入沸水锅内焯烫一下，捞出沥水。

2 玉竹用温水浸泡至发涨，捞出，切成片；沙参用清水浸泡，再换清水洗净；老姜去皮，切成片。

3 净锅置火上，加入清水，放入鲤鱼块，先用旺火煮沸，再转小火煮约10分钟。

4 然后烹入料酒，放入洗净的玉竹、沙参、姜片和枸杞子调匀，再用小火煲约1小时至熟烂，加入精盐、胡椒粉调好口味，出锅装碗即成。

阿生 Asheng
老火滋补靓汤

益气强体，清热又解毒

美味黄鱼汤 <色泽淡雅，清香味美>

原料

黄鱼1条，芹菜50克，红椒25克。
葱段15克，姜片10克，精盐2小匙，味精1小匙，料酒1大匙，植物油适量。

靓汤功效

本款靓汤具有益气强体、清热解毒的效果，对慢性胃炎、贫血、月经不调、前列腺炎有辅助疗效。

做 法

1 将黄鱼去鳞、去鳃、去鱼鳍、去内脏，用清水冲洗干净，在鱼身表面涂抹上少许精盐和料酒，腌渍30分钟，再放入烧热的油锅内煎至上颜色，捞出沥油。

2 将芹菜去根和菜叶，洗净，取芹菜茎，切成小段；红椒去蒂、去籽，洗净，切成条。

3 净锅置火上，加入植物油烧至六成热，下入葱段、姜片炝锅出香味，再加入适量清水煮10分钟。

4 拣出杂质，然后下入黄鱼，改用小火煮约20分钟，再下入芹菜段、红椒条调匀，最后加入精盐、味精调好汤汁口味，出锅即成。

怀参鱼头汤

安神明目，益气又养血

〈肉质细嫩，浓香适口〉

原料

鱼头1个, 淮山、党参各30克, 枸杞子20克, 红枣10克。

老姜15克, 精盐1小匙, 料酒1大匙, 植物油适量。

靓汤功效

本款靓汤具有安神明目、益气养血、健脑补脑、祛风除痹之功效, 适宜脾胃虚弱、气血不足引起的头晕脑涨、健忘、记忆力下降者食用。

做法

1 鱼头去掉鱼鳃和杂质, 用淡盐水浸泡并洗净, 沥净水分, 涂抹上少许精盐和料酒, 放入烧热的油锅内煎至上颜色, 捞出沥油。

2 红枣去掉枣核, 洗净, 沥干水分; 淮山、枸杞子、党参分别洗净; 老姜去皮, 切成片。

3 将鱼头、红枣、淮山、党参、枸杞子、姜片和适量清水放汤锅内煮沸, 改小火煲2小时, 加入精盐调味即成。

鱼头肉质细嫩、营养丰富, 除了含蛋白质、脂肪、钙、磷、铁、维生素B_1外, 还含有鱼肉中所缺乏的卵磷脂, 可增强记忆力、提高思维和分析能力, 让人变得聪明。

小贴士

食材宝典

鳕鱼

♥ 鳕鱼为冷水性底层鱼类品种，其主要分布在太平洋北部和我国的南海、渤海及东海北部等地区，是黄海北部重要的海产经济鱼类之一。鳕鱼上市的时间一般为每年年底的12月份至翌年的2月份，夏季上市时间为4～7月份。鳕鱼是分布十分广泛的经济鱼类，世界上不少国家都把鳕鱼作为主要食用鱼类之一。

清补益气, 增强免疫力

南北杏鳕鱼煲

<鳕鱼软嫩, 鱼汤浓鲜>

原料

鳕鱼1条, 南杏仁、北杏仁各25克, 枸杞子10克。

老姜25克, 葱段15克, 姜汁2小匙, 精盐、胡椒粉、味精、料酒、植物油各适量。

靓汤功效

本款靓汤具有清补益气、健脾化滞、抗炎抗癌、增强免疫力等功效, 适宜肌肤干裂、体质虚弱者食用。

做法

1 将鳕鱼洗净, 去掉内脏, 擦净表面水分, 剁下鳕鱼头和鱼尾, 鳕鱼中段去掉鱼皮, 剔去鱼骨, 取净鳕鱼肉。

2 将鳕鱼肉用纸吸去表面水分, 切成大片, 加入姜汁、料酒拌匀, 腌渍15分钟。

3 南杏仁、北杏仁敲碎外壳, 放在温水中浸泡20分钟, 取出, 分别剥去内膜, 再换清水洗净; 老姜去皮, 洗净, 切成菱形片; 枸杞子洗净。

4 净锅置火上, 加入植物油烧至六成热, 放入鳕鱼头、鱼尾煎至上颜色, 倒入清水和料酒, 加入姜片和葱段, 用旺火熬煮40分钟至汤汁浓白, 捞出锅内杂质成鱼汤。

5 在鱼汤锅内放入南杏仁、北杏仁、枸杞子和鳕鱼片调匀, 烧沸后撇去浮沫。

6 再改用小火煮约20分钟, 加入精盐、胡椒粉、味精调好汤汁口味, 出锅装碗即成。

鳕鱼色泽淡雅, 营养丰富均衡, 但其本身带有一些腥膻气味, 尤其是冷冻后化冻的鳕鱼, 腥膻气味更为浓厚一些。因此在烹调鳕鱼靓汤时, 需要加入料酒等, 以去除腥辣气味。

在加工鳕鱼制作靓汤时, 最好在鳕鱼表面淋上少许姜汁 (或者加入料酒等), 不仅可以比较好地去除腥膻, 鱼片也会更加嫩滑。

小贴士

野生天麻鲽鱼头

补虚益气，安神又补脑

〈鱼头软糯，汤汁鲜美〉

原料

鲽鱼头1个，猪瘦肉150克，天麻25克，陈皮、枸杞子各少许。

姜片25克，精盐1小匙，料酒1大匙，植物油适量。

靓汤功效

本款靓汤具有补脑安神、镇痛降压、补虚益气、消炎解毒等功效，适宜劳伤体弱、久痢风寒、感冒发热、胸腹胀满者食用。

做法

1　将鲽鱼头去掉鱼鳃和杂质，用清水洗净，擦净水分，涂抹上料酒和少许精盐，放入烧至七成热的油锅内炸至上颜色，捞出，沥净油分。

2　将猪瘦肉去掉筋膜，洗净血污，切成大块，放入沸水锅内焯烫一下，捞出，换清水洗净，沥干水分。

3　天麻用清水浸泡并洗净，切成大片；陈皮泡软，刮净内瓤，撕成小块；枸杞子洗净。

4　汤锅置火上，加入清水，放入鲽鱼头、猪肉块、天麻、陈皮和枸杞子、姜片调匀。

5　用旺火煮沸，盖上汤锅盖，再改用小火炖至熟香，加入精盐调好口味，出锅装碗即可。

原料

笋壳鱼1条, 青椒、红椒各25克。

大葱、姜块各25克, 姜汁、精盐、白糖、味精、胡椒粉、豉油王、植物油各适量。

靓汤功效

本款靓汤具有补益脾胃、强壮肝肾、健筋强骨等功效, 适宜脾胃虚弱、肺虚咳嗽、虚劳多梦者食用。

做法

1 将笋壳鱼去掉鱼鳞、鱼鳃和内脏, 用清水洗净, 擦净水分, 加入少许精盐、姜汁、白糖拌匀, 浸渍10分钟。

2 青椒、红椒去蒂、去籽, 洗净, 切成丝; 大葱去根和老叶, 切成段; 姜块去皮, 切成片。

3 净锅置火上, 加入植物油烧至七成热, 下入笋壳鱼煎至上颜色, 捞出沥油。

4 原锅留底油, 复置火上烧热, 下入葱段、姜片炝锅出香味, 再倒入适量清水煮沸。

5 然后放入笋壳鱼烧沸, 再改用小火煮30分钟, 加入精盐、豉油王、胡椒粉、味精, 放入青椒丝、红椒丝调匀, 继续小火煮几分钟, 出锅即成。

补益脾胃, 强壮肝肾

煎煮笋壳鱼

〈色泽淡雅, 鱼香汤鲜〉

原料

虾仁、五花猪肉各250克，肥膘肉50克，胡萝卜、鸡蛋清各少许。
姜末10克，精盐、料酒、淀粉、胡椒粉各适量。

靓汤功效

本款靓汤具有补气健胃，壮阳补精、强身延寿的效果，适宜神经衰弱、肾虚阳痿、脾胃虚弱、疮口不愈者食用。

做法

1 虾仁去掉沙线，用刀背剁成虾蓉；五花猪肉去掉筋膜，剁成猪肉蓉；肥膘肉切成细粒，放入虾蓉调拌均匀；胡萝卜去皮，洗净，切成片。

2 分别在虾肉蓉、五花肉蓉内加入鸡蛋清、精盐、姜末、料酒和淀粉，充分搅拌均匀至上劲，团成直径3厘米大小的虾肉丸、猪肉丸。

3 净锅置火上，加入清水煮至微沸，分别放入猪肉丸、虾肉丸煮至浮起。

4 撇去汤汁表面的浮沫，放入胡萝卜片，改用中小火煮至熟香入味，加入精盐、胡椒粉调好汤汁口味，出锅装碗即成。

潮州双丸汤

补气健胃，壮阳又补精

〈色泽淡雅，软嫩清香〉

养血固精, 解毒又止痛

瓜片煮虾丸 ＜虾丸软滑, 鲜咸味美＞

原料

鲜虾500克, 黄瓜150克, 鸡蛋清1个。
香葱15克, 姜汁、精盐、胡椒粉、淀粉、香油各适量。

靓汤功效

　　本款靓汤具有补肾壮阳、通乳抗毒、养血固精、化瘀解毒、通络止痛等功效, 适宜肾虚阳痿、遗精早泄、筋骨疼痛、全身瘙痒者食用。

做法

1 鲜虾去掉虾头, 剥去外壳, 去掉黑色的沙线, 用刀背剁成细虾蓉; 猪肥膘肉洗净, 也剁成蓉, 马蹄削去外皮, 用清水洗净, 切成细粒。

2 黄瓜去根, 洗净, 顺长切成两条, 去掉黄瓜瓤, 切成半圆片; 香葱去根, 洗净, 切成葱花。

3 将细虾蓉、肥膘蓉、马蹄粒放在容器内, 先加入少许精盐、姜汁、鸡蛋清拌匀, 再加入淀粉, 充分搅拌均匀至上劲成虾蓉馅料。

4 汤锅置火上, 加入适量清水煮至微沸, 把虾蓉团成大小均匀的虾丸, 放入水锅内煮至浮起。

5 撇去汤汁表面浮沫, 再改用小火煮约10分钟, 然后放入黄瓜片, 加入精盐、胡椒粉调匀, 出锅倒在汤碗内, 撒上香葱花, 淋入香油即成。

清热解毒，补骨又添髓

娃娃菜煲飞蟹

<色泽美观，清鲜味美>

原料

飞蟹500克，娃娃菜150克，香葱15克，枸杞子10克。

姜块20克，精盐2小匙，味精、香油各少许，胡椒粉1小匙，植物油2大匙。

靓汤功效

本款靓汤具有清热解毒、补骨添髓、养筋接骨、活血祛痰、利湿退黄之功效，适宜瘀血、黄疸、腰腿酸痛、风湿性关节炎者食用。

做法

1 用小刷子将飞蟹表面刷洗干净，揭开蟹壳，去掉蟹鳃和杂质，再将飞蟹剁成小块；姜块洗净，去皮，切成小片；香葱洗净，切成小段。

2 将娃娃菜去掉菜根，用清水洗净，沥净水分，切成小块；枸杞子洗净，沥干水分。

3 汤锅置火上，加入植物油烧至六成热，下入姜片炝锅出香味。

4 再放入飞蟹块煸炒1分钟至变色，然后放入娃娃菜稍炒，再添入适量清水煮沸，撇去浮沫，放入枸杞子，盖上汤锅盖，转小火煮约10分钟。

5 最后加入精盐、胡椒粉、味精调好汤汁口味，出锅倒在汤碗内，淋入香油，撒上香葱段即成。

飞蟹营养丰富，其含有比较丰富的蛋白质、脂肪、碳水化合物、钙、磷、铁、维生素A等营养素。家庭在收拾飞蟹时应当注意四清除。一要清除蟹胃，蟹胃俗称蟹尿包，在背壳前缘中央似三角形的骨质小包，内有污沙；二要消除蟹肠，即由蟹胃通到蟹脐的一条黑线；三要清除蟹心，蟹心俗称六角板；四要清除蟹鳃，即长在蟹腹部如眉毛状的两排软绵绵的东西，俗称蟹眉毛。这些部位既脏又无食用价值，需要去除。

小贴士

食材宝典

♥ "飞蟹"是"梭子蟹"的同义词，属于甲壳纲、十足目、梭子蟹科，是中国沿海的重要经济蟹类。飞蟹生长迅速，养殖较为简单，加上飞蟹肉多，脂膏肥满，味道鲜美，含有比较丰富的蛋白质、脂肪及其他营养素，现在飞蟹已经成为我国沿海地区重要的养殖品种之一，也受到大家的喜爱。

消除疲劳，提高人体免疫力

海参紫菜汤 <海参软糯，紫菜清香>

原料

水发海参300克，紫菜15克。

葱段、姜片各15克，精盐1小匙，胡椒粉少许，料酒1大匙，植物油4小匙。

靓汤功效

本款靓汤具有消除疲劳、提高人体免疫力、增强人体抵抗疾病的功效，因此非常适合经常处于疲劳状态的中年女士与男士食用。

做法

1 将水发海参剖开腹部，取出内脏和杂质，用淡盐水浸泡片刻，再换清水洗净；紫菜撕成小块。

2 净锅置火上，加入清水，放入水发海参焯烫3分钟，捞出，用冷水过凉，沥干水分。

3 净锅复置火上，加入植物油烧至六成热，下入葱段、姜片炝锅出香味。

4 再烹入料酒，加入适量清水煮5分钟，捞出葱段、姜片不用，将汤汁倒入炖盅内，放入水发海参，盖上炖盅盖，上屉隔水炖20分钟。

5 然后放入紫菜块，加入精盐、胡椒粉，继续隔水炖10分钟，出锅即成。

降低胆固醇和血液黏稠度

松茸炖海参 <口感软嫩，润滑爽口>

原料

水发海参400克，松茸100克。

葱段、姜片各10克，精盐1小匙，胡椒粉少许，植物油1大匙。

靓汤功效

本款靓汤具有提高免疫力、降低胆固醇和血液黏稠度、延缓衰老、养颜美白功效，适宜心血管病、体弱多病、消化不良者食用。

做法

1 将水发海参去除内脏，洗净杂质，整个放入冷水锅内，用旺火烧沸，煮约5分钟，捞出，沥净水分。

2 用小刀轻轻刮去松茸表面的泥土，再用清水洗净，用洁布擦拭干净，切成厚片。

3 净锅置火上，加入清水和少许精盐烧沸，下入松茸片焯烫一下，捞出沥水。

4 净锅复置火上，加入植物油烧至六成热，下入葱段、姜片炝锅出香味。

5 再倒入清水，放入松茸片、水发海参烧沸，然后用小火煮30分钟，加入精盐、胡椒粉，出锅即成。

补血益气，消渴又降糖

木瓜腰豆炖鲍鱼 ‹色泽美观，甜润清香›

原料

鲍鱼750克，木瓜250克，红腰豆50克。
姜片15克，白糖适量。

靓汤功效

本款靓汤具有补血益气、提高免疫力、降糖消渴、帮助细胞修补等食疗功效，适宜高血糖、高胆固醇、缺铁性贫血者食用。

做法

1 将鲍鱼去掉外壳，撕去表面的黑膜，用清水洗净，沥净水分，在表面剞上"十字花刀"；红腰豆择洗干净，再放入清水中浸泡2小时。

2 木瓜削去外皮，切开后去掉木瓜瓤，再把木瓜果肉切成大小均匀的块。

3 净锅置火上，加入清水煮沸，倒入鲍鱼焯烫几分钟，捞出鲍鱼，沥净水分。

4 鲍鱼、红腰豆放入砂煲内，添入适量清水，加入姜片，置火上烧沸，转小火煲约1小时，再放入木瓜块，继续小火煲30分钟，加入白糖调好口味，出锅装碗即可。

野生松茸鲍鱼汤

补益强身，滋阴又润燥

〈鲍鱼软糯，松茸浓鲜〉

原料

鲍鱼干2个，干贝4个，松茸75克，猪骨1大块。
姜块25克，精盐、胡椒粉各适量。

靓汤功效

　　本款靓汤具有补益强身、滋阴润燥、平肝潜阳的功效，适宜久病体虚、精血虚亏、高血压、冠心病、高血脂者经常食用。

做法

1　将鲍鱼干、干贝用清水冲洗干净，放在容器内，加入适量温水浸泡2小时，再用清水漂洗数次，在鲍鱼表面剞上十字花刀；干贝撕去筋。

2　将野生松茸洗净，放入清水中浸泡30分钟，再放入沸水锅内焯烫一下，捞出松茸，用冷水投凉，撕去松茸菌伞表皮，切成大片。

3　将猪骨洗净血污，剁成两大块，放入清水锅内焯烫一下，捞出，沥净水分；姜块洗净，拍散。

4　砂煲置火上，先放上猪骨垫底，摆上鲍鱼、干贝、松茸和姜块，加入适量清水，先用旺火煮沸，撇去浮沫和杂质，盖上砂煲盖。

5　再转中小火炖约2小时，加入精盐、胡椒粉调好汤汁口味，离火上桌即成。

阿生 **Asheng**
老火滋补靓汤

食材宝典

鲍鱼

♥ 鲍鱼为软体动物门腹足纲鲍科动物的统称，为经济价值很高的水产品。全世界有鲍鱼近100种，均属海生，其中举世公认的三大名鲍为网鲍、吉品鲍和禾麻鲍。每年的7～8月份是鲍鱼的繁殖季节，在温暖的海水中小鲍鱼出生了，但其生长缓慢，大约需要5～10年才能达到食用的要求，这也是造成鲍鱼名贵的原因之一。

养肝明目, 滋补养颜效果佳

百合木瓜鲍鱼汤

<色泽淡雅, 鲜咸浓香>

原料

活鲍鱼500克, 仔鸡250克, 木瓜150克, 百合100克, 枸杞子10克, 猪骨1大块, 矿泉水适量。姜块25克, 精盐适量, 料酒1大匙。

靓汤功效

本款靓汤具有滋阴清热、养肝明目、平衡血压、镇静化痰、润燥利肠和滋补养颜的功效, 适宜头目眩晕、白内障、吐血、失眠者食用。

做法

1 鲜活鲍鱼用牙刷把表面洗刷干净, 用小刀刀尖伸进去贴着壳割几刀, 把鲍鱼肉和外壳分离, 将鲍鱼的内脏和杂质去掉, 取净鲍鱼肉; 鲍鱼壳刷洗干净。

2 再用百洁布 (或钢丝球) 的一角, 在水龙头下边冲鲍鱼肉边刷洗, 把鲍鱼肉周围一圈的黑膜刮洗干净。

3 将木瓜洗净, 切开后去掉瓜瓤, 再切成大块; 百合去根, 掰取嫩百合花瓣, 用清水漂洗干净; 枸杞子洗净。

4 将猪骨洗净, 剁成大块; 仔鸡洗净, 也剁成块, 分别放入沸水锅内焯烫一下, 捞出猪骨、鸡块, 洗净。

5 汤锅置火上, 倒入矿泉水, 下入猪骨、鸡块、鲍鱼壳、姜块和料酒煮沸, 用旺火煮约1小时成鲜汤, 捞出猪骨、鸡块、鲍鱼壳、姜块不用。

6 再放入鲍鱼肉、木瓜块、百合花瓣、枸杞子调匀, 改用小火煲约30分钟, 加入精盐调好口味, 出锅装碗即可。

使用矿泉水煲汤, 可以保证维生素B$_1$免受损失, 从而保证足够的维生素B$_1$以辅酶形式加强靓汤中各种食材的吸收分解, 有保护神经系统的作用, 同时矿泉水去除了氯气、杂质和重金属, 煲出来的靓汤味道更加清甜美味。

鲍鱼因其谐音"鲍者包也, 鱼者余也", 鲍鱼代表包余, 以示包内有"用之不尽"的余钱。因此, 鲍鱼不但是馈赠亲朋好友的上等吉利礼品, 而且是宴请、筵席及逢年过节餐桌上的必备"吉利菜"之一。

小贴士

鲍鱼香菇煲

健胃益气，和血又养颜

〈鲍鱼软嫩，清香味美〉

原料

鲍鱼400克，猪脊骨250克，香菇25克。
姜块15克，精盐1小匙，胡椒粉少许，料酒、植物油各适量。

靓汤功效

本款靓汤具有健胃益气、和血化痰、去毒养颜功效，适宜头晕目花、疲劳乏力、胃纳减少、经常失眠者食用。

做法

1 将鲍鱼去掉外壳，去掉表面的黑膜，用清水洗净，沥净水分，将鲍鱼肉周围一圈的黑膜刮洗干净，最后在鲍鱼表面剞上花刀。

2 猪脊骨洗净血污，剁成大块，放入清水锅内焯烫一下，捞出脊骨块，用冷水洗净，沥净水分。

3 香菇洗净，用温水浸泡至发涨，取出香菇，去掉菌蒂，攥净水分；姜块去皮，洗净，拍散。

4 净锅置火上，下入植物油烧至六成热，下入姜块炝锅出香味，再放入脊骨块稍炒几分钟。

5 然后烹入料酒，加入适量清水，用旺火煮沸，再下入鲍鱼、香菇调匀，最后转小火煲约2小时，加入精盐、胡椒粉调好口味，出锅装碗即可。

原 料

花胶100克, 干贝25克,
猪排骨1大块, 红枣、枸
杞子各少许。
姜片25克, 精盐少许,
料酒1大匙。

靓汤功效

　　本款靓汤具有养血
止血、滋阴添精, 润肺健
脾、明目提神的功效, 适
宜神经衰弱、小儿慢脾
风、妇女经亏、赤白带下
者食用。

做 法

1 将花胶放在容器内, 加入温水浸泡至发涨, 捞出, 攥净
水分, 切成大块, 放入清水锅中, 加入少许姜片、料酒煮
10分钟, 取出花胶块, 沥净水分。

2 将干贝用温水浸泡几分钟, 取出; 红枣去掉枣核, 取净
红枣肉; 枸杞子洗净。

3 将猪排骨洗净血污, 剁成大块, 放入清水锅内焯烫一
下, 捞出排骨块, 用冷水洗净浮沫, 沥净水分。

4 将排骨块、花胶块、干贝放入汤锅内, 加入清水和姜片,
先用旺火煮沸, 再改用小火炖1小时。

5 然后放入红枣、枸杞子, 继续用小火炖30分钟, 再加入
精盐调好口味, 出锅装碗即可。

明目提神, 养血又止血

干贝炖花胶

〈色泽美观, 清香味美〉

原料

鲜活扇贝500克，胡萝卜50克，香葱15克。
姜片15克，精盐少许，清汤1000克。

靓汤功效

本款靓汤具有补利五脏、治消渴、消肾虚等功效，适宜头晕目眩、虚痨咳血、脾胃虚弱、营养不良者食用。

做法

1 将鲜活扇贝刷洗干净，取出，从扇贝较平的一侧下刀，把贝肉与壳分离，把扇贝打开，再用小刀把扇贝的沙囊切掉。

2 用小勺把扇贝肉取出，去掉扇贝肉上面的黑点，用清水冲洗贝肉，用手指轻轻搓洗扇贝的裙边，直至看不到黑点点为止。

3 胡萝卜去根，削去外皮，洗净，切成花片；香葱去根和老叶，洗净，切成碎粒。

4 将扇贝肉、胡萝卜片放在炖盅内，倒入清汤，放上姜片，盖上炖盅盖，放入蒸锅内，用旺火蒸30分钟，去掉姜片，加入精盐，撒上香葱碎，取出上桌即成。

清汤扇贝

补利五脏，补益肾虚

〈色泽淡雅，贝嫩汤鲜〉

活血健脾, 益气又补脑
竹荪炖干贝
<干贝软糯, 竹荪鲜香>

原 料

干贝50克, 干竹荪15克。姜片15克, 精盐少许。

靓汤功效

本款靓汤具有活血健脾、益气补脑、宁神健体、帮助消化之功效, 适用于咳嗽痰多、高血压、脾胃虚弱、神经衰弱者食用。

做 法

1 将干贝用水淘洗干净, 去掉腰箍 (也有叫柱筋), 放在大碗内, 加入清水, 上屉蒸20分钟, 取出干贝; 蒸干贝的汤汁过滤去掉杂质, 留蒸干贝原汁。

2 干竹荪用淡盐水浸泡10分钟 (期间多换两次淡盐水), 捞出竹荪, 去掉菌盖, 剪成小块。

3 将干贝、竹荪块放在炖盅内, 加入清水和姜片, 倒入干贝原汁, 上屉隔水炖1小时, 加入精盐调味即成。

> 干贝是以江珧扉贝、日月贝等贝类的闭壳肌干制而成, 呈短圆柱状, 体侧有柱筋, 是我国著名的海八珍之一。古人曰: 食后三日, 犹觉鸡虾乏味。可见干贝之鲜美非同一般。
>
> 小贴士

益精补髓, 滋阴又补血

虫草干贝炖鱼肚

<软糯浓香，美味适口>

原料

鱼肚100克, 干贝50克, 虫草花25克, 猪肉适量。姜块25克, 精盐1/2大匙, 料酒1大匙, 植物油适量。

靓汤功效

本款靓汤具有益精补髓、滋阴补血、补肾润肺的功效, 适宜病后体弱、肾虚阳痿、腰膝酸痛、神经衰弱者经常食用。

做法

1 将鱼肚洗净, 放入烧至三成热的油锅内浸炸 (油要保持低温才能保证质量, 炸时不要炸焦发黄、外焦里不透), 待鱼肚断面呈海绵状时, 捞出。

2 净锅置火上, 加入清水、姜块、料酒煮沸, 下入油发鱼肚焯烫一下, 捞出沥水, 切成大块。

3 将猪肉洗净, 去掉筋膜, 切成小块, 放入沸水锅内焯2分钟, 捞出、沥净水分。

4 干贝撕去硬筋, 用清水浸泡20分钟; 虫草花用温水浸泡30分钟, 再换清水洗净, 沥干水分; 枸杞子洗净。

5 将猪肉块、鱼肚块、干贝放入汤锅内, 加入清水和姜块, 先用旺火煮沸, 再改用小火炖1小时。

6 放入虫草花、枸杞子, 继续用小火炖30分钟, 加入精盐调好口味, 出锅装碗即可。

鱼肚在烹调前需要涨发, 涨发的方法除了上面介绍的油发法, 还经常用水涨发鱼肚。水发鱼肚的方法是先将鱼肚放入温水中浸泡8小时, 然后捞入沸水锅中, 用小火煮2小时, 起锅离火闷至锅内水凉后, 再将锅上火烧沸, 锅再离火闷至水凉, 如此反复多次, 直至能用手指甲掐透鱼肚为止, 然后用温水将鱼肚上的黏液洗净, 再放入清水中漂洗至鱼肚发亮, 有弹性时即成。

小贴士

♥ 鱼肚又称鱼胶、白鳔、花胶、鱼鳔等，为水产制品类加工性烹饪原料，是用大黄鱼、鳇鱼、鲟鱼、毛常鱼、鳗鲡等鱼的鳔和鱼胃经干制而成，为我国传统高档海味食品。鱼肚有十多种，因鱼种不同，形状、大小、质量也不同。鱼肚主要产于我国沿海各地及南洋群岛等地，以广东所产的"广肚"质量最好。

阿生 Asheng
老火滋补靓汤

平肝潜阳，镇惊并安神

萝卜蚝仔汤

<蚝仔软嫩，萝卜清香>

原料

蚝仔（牡蛎）400克，白萝卜200克，红椒25克。姜块15克，精盐1小匙，胡椒粉、料酒、清汤、香油、植物油各适量。

靓汤功效

本款靓汤具有平肝潜阳、镇惊安神、软坚散结、收敛固涩的功效，适宜眩晕耳鸣、手足振颤、心悸失眠、烦躁不安、惊痫癫狂者食用。

做 法

1 将蚝仔撬开外壳，取出蚝仔肉，放在篮子里，用水龙头轻轻冲洗，再放入沸水锅内焯烫一下，沥净水分。

2 白萝卜去根，削去外皮，洗净，切成大块；红尖椒去蒂、去籽，洗净，切成菱形块。

3 净锅置火上，加入植物油烧至六成热，下入拍散的姜块炝锅出香味。

4 再烹入料酒，倒入清汤烧煮至沸，然后下入白萝卜块烧煮至软，再加入蚝仔肉、红椒块，用中火煮至熟香。

5 最后加入精盐、胡椒粉调好汤汁口味，出锅倒在汤碗内，淋入香油即成。

补血养气，滋润心脾

黄精红枣炖牡蛎 <营养丰富，软滑鲜咸>

原料

牡蛎500克，猪瘦肉200克，红枣25克，黄精10克。
老姜15克，精盐适量。

靓汤功效

本款靓汤具有补血养气、滋润心脾的功效，适宜病后体弱、神经衰弱、阴虚劳嗽肺燥干咳、脾虚食少、倦怠乏力者食用。

做法

1　用小刀撬开牡蛎的贝壳，再切断牡蛎的背部筋肉，取出牡蛎肉，去掉内脏和杂质，用淡盐水浸泡并洗净，捞出，沥净水分。

2　将猪瘦肉去掉筋膜，洗净血污，切成大块，放入沸水锅内焯烫一下，捞出，沥净水分。

3　将黄精洗净，再放入清水中浸泡20分钟；红枣洗净，去掉枣核，取红枣肉。

4　将老姜洗净，拍散，放在砂煲内，再放入猪瘦肉、牡蛎肉、黄精、红枣，加入适量清水，用旺火煮沸，然后改用小火煲约2小时，最后加入精盐调好口味即成。

清热明目，利膈且益胃

青瓜煲海螺 <色泽美观，鲜咸味美>

原料

大海螺400克，青瓜200克，芹菜75克。
精盐1小匙，米醋、胡椒粉、味精各适量，清汤750克。

靓汤功效

本款靓汤具有清热明目、利膈益胃的功效，适宜心腹热痛、肺热肺燥、双目昏花者食用。

做法

1 将大海螺敲碎外壳，取出净海螺肉，加入少许精盐和米醋，反复揉搓螺肉的表面以去除螺肉上的黏液，再换清水洗净。

2 将海螺肉片成大片，放入沸水锅内焯烫一下，捞出沥水；青瓜去皮，洗净，切成菱形小块；芹菜去根，切成小段。

3 将青瓜块码放在煲仔内垫底，摆上烫好的海螺肉片，倒入清汤淹没海螺片，再把锅仔加热至沸。

4 转小火煲约20分钟，放入芹菜段，加入精盐、胡椒粉、味精煮约10分钟，离火上桌即成。

羊肚菌海螺煲

化痰理气，补脑又提神

〈螺肉软嫩，肚菌浓鲜〉

原料

小海螺500克，羊肚菌50克，红枣、枸杞子各少许。

大葱、姜块各10克，精盐适量。

靓汤功效

本款靓汤具有补益肠胃、消化助食、化痰理气、补肾壮阳、补脑提神的功效，适宜脾胃虚弱、消化不良、痰多气短、头晕失眠者食用。

做法

1 将小海螺刷洗干净，用钳子剪去尾部，放在容器内，加上淡盐水浸泡30分钟，捞出小海螺，换清水漂洗干净，放入沸水锅内焯烫一下，捞出沥水。

2 将羊肚菌先用凉水清洗几遍，放在容器内，加入适量温水浸泡至发涨，捞出羊肚菌，去掉根蒂部分，再换清水清洗几遍，沥净水分。

3 将红枣、枸杞子用温水泡软，捞出；大葱去根，洗净，切成段；姜块去皮，切成片。

4 将小海螺、羊肚菌、红枣、枸杞子、葱段、姜片全部放入砂煲内，倒入适量清水，先用旺火煮沸，再改用小火煲1小时，加入精盐调好口味即成。

珧柱菌皇煲响螺

清肝又明目，强壮筋骨

〈软嫩鲜咸，香润可口〉

原料

响螺片150克，鸡爪125克，江珧柱25克，香菇、羊肚菌、松茸各适量。葱段、姜片、精盐、胡椒粉各适量。

靓汤功效

本款靓汤具有补益脾肺、固肠润胃、清肝明目、强壮筋骨的功效，适宜脾胃虚弱、神经衰弱、视物不清者食用。

做 法

1. 将响螺片放入清水中浸泡2小时至软，再放入沸水锅内焯煮15分钟，捞出响螺片，沥净水分；鸡爪放入沸水锅内氽烫一下，捞出，过凉，撕去黄皮，斩去爪尖。

2. 将江珧柱洗净，放在大碗内，加入葱段、姜片和清水浸泡20分钟，再上屉蒸10分钟，取出江珧柱，撕成条状；蒸江珧柱的汤汁过滤，留原汤汁。

3. 香菇、羊肚菌、松茸用清水洗净，放在容器内，加入淡盐水浸泡至涨发，再换清水反复漂洗干净，沥净水分。

4. 砂煲置火上，加入适量清水和姜片，用旺火煮沸，放入鸡爪、响螺片、江珧柱、香菇、羊肚菌和松茸煮沸。

5. 盖上砂煲盖，再改用小火煲约2小时，加入精盐、胡椒粉调好口味，出锅装碗即可。

原料

墨鱼仔300克,鸡腿250克,木瓜150克,枸杞子15克。

葱段15克,姜块20克,料酒1大匙,精盐1/2小匙。

靓汤功效

本款靓汤具有补益肝肾、养血通经、安胎利产、止血催乳的功效,适宜肝肾两虚或血虚所致的经闭、崩漏、产后乳汁不足者食用。

做法

1 将墨鱼仔剥去外膜,剪开后去掉内脏和杂质,用清水漂洗干净,放入清水锅内,加入葱段、料酒焯烫一下,捞出墨鱼仔,沥净水分。

2 将鸡腿去净表面的绒毛,用淡盐水浸泡片刻并洗净血污,捞出,剁成大块,放入沸水锅内焯烫一下,捞出鸡腿块,换冷水洗净浮沫,沥净水分。

3 将木瓜洗净,擦净表面水分,切开后去掉瓜瓤,再切成大块;枸杞子、姜块分别洗净。

4 将鸡腿块放在砂煲内,加入姜片和清水煮沸,改用小火煮40分钟,再加入墨鱼仔、木瓜块和枸杞子,继续小火煲20分钟,加入精盐调好口味即成。

补益肝肾, 养血又通经

木瓜墨鱼煲

〈墨鱼软嫩, 清香味美〉

索引 Indexes

▽索引 1
四季 Season

◢春季
◢夏季
◢秋季
◢冬季

▷索引 2
人群 People

春季 Spring

靓汤原则 ▼

　　春季正是大自然气温上升、阳气逐渐旺盛的时候，同时依据"人与天地相应"的中医养生理论，春季人体之阳气也顺应自然，呈现向上，向外舒发的现象，此时若能适宜进补，将是一年中体质投资的最佳时节。

　　此外春季的多发病，如肺炎、肝炎、流行性脑膜炎、麻诊、腮腺炎、过敏性哮喘、心肌梗塞等，也与冬季失养有关，此时若能适量调补，也不失是一种"补救"。

　　春季养生应以补肝为主。而春季养肝首要一条是调理情志，即保持心情舒畅，不要生气。此外春天的药膳调养，要以平补为原则，不能一味使用温补品，以免春季气温上升，加重身体内热，损伤人体正气。

　　春季喝汤宜选用较清淡，温和且扶助正气补益元气的食物。如偏于气虚的，可多选用一些健脾益气的食物，如红薯、山药、土豆、鸡蛋、鹌鹑蛋、鸡肉、鹌鹑肉、牛肉、瘦猪肉、鲜鱼、花生、芝麻、大枣、栗子等。偏于阴气不足的，可选一些益气养阴的食物来煲汤，如胡萝卜、豆芽、豆腐、莲藕、荸荠、百合、银耳、蘑菇、鸭蛋、鸭肉、兔肉、蚌肉、龟肉、水鱼等。

适宜靓汤 ▼

夏季 Summer

靓汤原则 ▼

　　夏季是天阳下济、地热上蒸，万物生长，天地间各种植物大都开花结果，自然界到处都呈现出茂盛华秀的景象。夏季也是人体新陈代谢量旺盛的时期，阳气外发，伏阴于内，气机宣畅，通泄自如，精神饱满，情绪外向，使"人与天地相应"。在炎热的夏季要保护体内的阳气，防暑邪、湿邪侵袭，这是"春夏养阳"的原则。如果没有适应炎热而潮湿的夏季气候的能力，就会伤害体内之阳气，从而导致许多疾病的发生。暑邪侵入人体后，人体会大量出汗，使体内的水和盐大量排出，导致体液急剧减少，表现为口干舌燥，口渴思饮，小便赤黄，大便秘结。

　　夏季饮食养生应坚持四项基本原则，即饮食应以清淡为主，保证充足的维生素和水，保证充足的无机盐及适量补充蛋白质。夏季的营养消耗量较大，而天气炎热又影响人的食欲，所以要注意多补充优质的蛋白质，如鱼、瘦肉、蛋、奶和豆类等营养物质；吃些新鲜蔬菜和水果，如番茄、青椒、冬瓜、西瓜、杨梅、甜瓜、桃、梨等以获得充足的维生素；补充足够的水份和矿物质，特别要注意钾的补充，豆类或豆制品、香菇、水果、蔬菜等都是钾的很好来源，多吃些清热利湿的食物，如西瓜、苦瓜、桃、乌梅、草莓、番茄、黄瓜、绿豆等。

适宜靓汤 ▼

索引 Indexes

▽索引 1
四季 Season

⊿春季
⊿夏季
⊿秋季
⊿冬季

▷索引 2
人群 People

秋季 Autumn

靓汤原则 ▼

　　秋季，自然界的阳气渐渐收敛，阴气渐渐增长，气候由热转寒。此时万物成熟，果实累累，正是收获的季节。人体的生理活动也要适应自然环境的变化。与"夏长"到"秋收"自然阴阳的变化相应，体内阴阳双方也随之由"长"到"收"发生变化，阴阳代谢也要开始阳消阴长的过渡。

　　秋季养阴是关键。俗话说："入夏无病三分虚"。经过漫长的夏季，人体的损耗较大，故秋季易出现体重减轻、倦怠无力、讷呆等气阴两虚的症状。以润燥滋阴为主。秋季天气转凉，雨水少，温度下降，气候变燥，人体会发生一些"秋燥"的反应，如口干舌燥等秋燥易伤津液，故秋季饮食调养主要以润燥滋阴为主。

　　秋季应多食芝麻、核桃、银耳、百合、糯米、蜂蜜、豆浆、梨、甘蔗、乌骨鸡、藕、萝卜、番茄等具有滋阴作用的食物。秋季煲汤必备食材有菊花、百合、莲子、山药、莲藕、黄鳝、板栗、核桃、花生、红枣、梨、海蜇、黄芪、人参、沙参、枸杞、何首乌等。秋天鱼类、肉类、蛋类食品也比较丰富，在膳食调配方面要注意摄取食品的平衡，注意主副食的搭配及荤素食品的搭配，多饮鱼汤、鸡汤。

适宜靓汤 ▼

冬季 Winter

靓汤原则 ▼

　　冬季是一年中气候最寒冷的时节，天寒地冻。阴气盛极，阳气潜伏，草木凋零、蛰虫伏藏。万物封藏，但冬季也是　年中最适合饮食调理与进补的时期。此时人体新陈代谢处于较为低迷的状态，皮肤汗腺由疏松转为细密。冬季进补能提高人体的免疫功能，促进新陈代谢，使畏寒的现象得到改善；冬季进补还能调节体内的物质代谢，使营养物质转化的能量最大限度地贮存于体内，有助于体内阳气的升发，为来年的身体健康打好基础。冬季饮食调理应顺应自然，注意养阳，以滋补为主，在膳食中应多吃温性，热性特别是温补肾阳的食物进行调理。以提高机体的耐寒能力。

　　冬季饮食要注意多补充热源食物，增加热能的供给，以提高机体对低温的耐受力；要多补充含蛋氨酸和无机盐的食物，以提高机体御寒能力。钙在人体内含量的多少可直接影响人体心肌、血管及肌肉的伸缩性和兴奋性，补充钙也可提高机体御寒性；此外要多吃富含维生素B_2、维生素A、维生素C的食物，以防口角火、唇炎等疾病的发生。

　　冬季饮食应进食富含蛋白质、维生素和易于消化的食物，如粳米、玉米、小麦、黄豆、豌豆等豆谷类；韭菜、香菜、大蒜、萝卜、黄花菜等蔬菜、羊肉、狗肉、牛肉、鸡肉及鳝肉、鲤鱼、鲢鱼、带鱼、虾等海鲜类；橘子、椰子、菠萝、桂圆等水果。为预防冬季常见病可常吃狗肉、羊肉、鹿肉、龟肉、麻雀肉、鹌鹑肉、鸽肉、虾、蛤蜊、海参等。这些食物可增加热量，防寒增温。

适宜靓汤 ▼

索引 Indexes

▷ 索引 1
四季 Season

▽ 索引 2
人群 People

◂ 少年
◂ 女性
◂ 男性
◂ 老年

少年 Adolescent

靓汤原则 ▾

　　少年是儿童进入成年的过渡期，此阶段少年体格发育速度加快，身长、体重突发性增长是其重要特征。此外少年还要承担学习任务和适度体育锻炼，故充足营养是体格及性征迅速生长发育、增强体魄、获得知识的物质基础。少年的饮食要注意平衡，鼓励多吃谷类，以供给充足能量；保证鱼、禽、肉、蛋、奶、豆类和蔬菜供给，满足少年对蛋白质、钙、铁需要；此外可增加饮食维生素C量，以增加铁吸收。

适宜靓汤 ▾

女性 Female

分类原则 ▾

　　女性有着与男性不同的营养需要。女性可能需要很少的热量和脂肪，少量的优质蛋白质，同量或多一些的其它微量元素等。很多女性由于工作节奏快或者学习压力大，常常无暇顾及饮食营养和健康，有时候常吃快餐或方便食品，因而造成营养不平衡，时间长了必然会影响身体健康。女性饮食包括适量的蛋白质和蔬菜，一些谷物和相当少量的水果和甜食。此外大量的矿物质尤为适应女性。

适宜靓汤 ▾

男性 Male

靓汤原则 ▼

　　男性作为一个社会生产、生活的主力军，承受着比其它群体更大的压力，受不良生活方式侵袭的机率较大，对自身营养关注不够，很容易发生因营养失衡而引起的一系列生活方式疾病。因此，关注男性营养，促使其采取良好的饮食方式，养成健康的饮食习惯，对于保护和促进其健康水平，保持旺盛的工作能力极为重要。男性在营养平衡的基础上，其基本膳食准则为节制饮食、规律饮食和加强运动。一般男性应该控制热能摄入，保持适宜蛋白质、脂肪、碳水化合物供能比，并增加膳食中钙、镁、锌摄入，以利于身体健康。

适宜靓汤 ▼

老年 Elderly

靓汤原则 ▼

　　人进入老年后，体内的营养消化、吸收功能及机体代谢机能均逐渐减退，从而导致机体各系统组织的功能引起一系列的变化，发生不同程度的衰老和退化。老年期对各种营养素有了特殊的需要，但营养平衡仍是老年人饮食营养的关键。老年营养平衡总的原则是应该热能不高；蛋白质质量高，数量充足；动物脂肪、糖类少；维生素和矿物质充足。所以据此可归纳为三低（低脂肪、低热能、低糖）、一高（高蛋白）、两充足（充足的维生素和矿物质），还要有适量的食物纤维素，这样才能维持机体的营养平衡。

适宜靓汤 ▼

让我们美味共享

吉林科学技术出版社

对于初学者，需要多长时间才能学会家常菜，是他们最关心的问题。为此，我们特意编写了《吉科食尚—7天学会》系列图书。只要您按照本套图书的时间安排，7天就可以轻松学会多款家常菜。

《吉科食尚—7天学会》针对烹饪初学者，首先用2天时间，为您分步介绍新手下厨需要了解和掌握的基础常识。随后的5天，我们遵循家常菜简单、实用、经典的原则，选取一些食材易于购买、操作方法简单、被大家熟知的菜肴，详细地加以介绍，使您能够在7天中制作出美味佳肴。

❀全国各大书店、网上商城火爆热销中❀

《新编家常菜大全》是一本内容丰富、功能全面的烹饪书。本书选取了家庭中最为常见的100种食材，分为蔬菜、食用菌豆制品、畜肉、禽蛋、水产品和米面杂粮六个篇章，首先用简洁的文字，介绍每种食材的营养成分、食疗功效、食材搭配、选购储存、烹调应用等，使您对食材深入了解。随后我们根据食材的特点，分别介绍多款不同口味，不同技法的家常菜例，让您能够在家中烹调出自己喜欢的多款美食。

人是铁，饭是钢！ 贺晴 **董浩** 侯丽梅 贾凯 那威 李然
杨大鹏 杜沁怡 朱琳 蒋梅 江小鱼
刘仪伟 黄东贤 林依轮 滕仁明

倾情推荐

《铁钢老师的家常菜》

　　家常菜来自民间广大的人民群众中，有着深厚的底蕴，也深受大众的喜爱。家常菜的范围很广，即使是著名的八大菜系、宫廷珍馐，其根本元素还是家常菜，只不过氛围不同而已。我们通过本书介绍给您的家常菜，是集八方美食精选，去繁化简、去糟求精。我也想通过我们的努力，使您的餐桌上增添一道亮丽的风景线，为您的健康尽一点绵薄之力。

　　本书通过对食材制法、主配料、调味品的解析，使您了解烹调的方法并进行精确的操作，一切以实际出发，运用绿色食材、加以简洁的制法，烹出纯朴的味道，是我们的追求，同时也是为人民健康服务的动力源泉。

投稿热线：0431-85635186　18686662948　QQ：747830032

吉林科学技术出版社旗舰店jlkxjs.tmall.com

图书在版编目（ＣＩＰ）数据

阿生老火滋补靓汤 / 朱奕生主编. -- 长春 : 吉林科学
技术出版社，2013.8
　ISBN 978-7-5384-7009-3

　Ⅰ．①老… Ⅱ．①朱… Ⅲ．①汤菜－菜谱 Ⅳ．
①TS972.122

中国版本图书馆CIP数据核字(2013)第200726号

阿生老火 滋补靓汤

主　　编　朱奕生
出 版 人　李　梁
策划责任编辑　张恩来
执行责任编辑　赵　渤
封面设计　长春创意广告图文制作有限责任公司
制　　版　长春创意广告图文制作有限责任公司
开　　本　720mm×1000mm　1/16
字　　数　300千字
印　　张　14
印　　数　1-15 000册
版　　次　2014年4月第1版
印　　次　2014年4月第1次印刷
出　　版　吉林科学技术出版社
发　　行　吉林科学技术出版社
地　　址　长春市人民大街4646号
邮　　编　130021
发行部电话/传真　0431-85677817　85635177　85651759
　　　　　　　　　　85651628　85600611　85670016
储运部电话　0431-86059116
编辑部电话　0431-85635186
网　　址　www.jlstp.net
印　　刷　沈阳天择彩色广告印刷股份有限公司
书　　号　ISBN 978-7-5384-7009-3
定　　价　29.90元
如有印装质量问题可寄出版社调换